国家自然科学基金项目（51764013）
中国博士后科学基金面上项目（2019M631321）
江西省自然科学基金重点项目（20192ACBL21014）

江西理工大学清江学术文库

钽铌矿尾砂胶结充填体声发射特征及力学损伤规律

赵康　著

北　京
冶金工业出版社
2019

内容提要

本书系统地对钽铌矿尾砂胶结充填体的力学特性、损伤规律及声发射特征进行研究，通过声发射技术对钽铌矿尾砂胶结充填体破坏时的声发射参数进行处理分析，得出充填体内部微裂纹的萌生及其扩展状况，从中找出充填体损伤演化规律以及失稳破坏的判据。研究结果对金属矿山更有效地利用钽铌矿尾砂胶结充填体控制采场稳定具有重要作用，为矿山的可持续发展、绿色开采提供指导和支持。

本书可供金属与非金属矿采矿工程专业的高等院校教师、高年级本科生和研究生教学参考，以及科研人员和企业工程技术人员阅读使用。

图书在版编目(CIP)数据

钽铌矿尾砂胶结充填体声发射特征及力学损伤规律/赵康著. —北京：冶金工业出版社，2019. 8

ISBN 978-7-5024-8198-8

Ⅰ. ①钽…　Ⅱ. ①赵…　Ⅲ. ①矿山—胶结充填法—研究
Ⅳ. ①TD853. 34

中国版本图书馆 CIP 数据核字（2019）第 170056 号

出版人　谭学余
地　　址　北京市东城区嵩祝院北巷 39 号　邮编　100009　电话　(010)64027926
网　　址　www. cnmip. com. cn　电子信箱　yjcbs@ cnmip. com. cn
责任编辑　徐银河　美术编辑　吕欣童　版式设计　禹　蕊
责任校对　李　娜　责任印制　李玉山
ISBN 978-7-5024-8198-8
冶金工业出版社出版发行；各地新华书店经销；北京建宏印刷有限公司印刷
2019 年 8 月第 1 版，2019 年 8 月第 1 次印刷
169mm×239mm；10. 25 印张；196 千字；152 页
58. 00 元

冶金工业出版社　投稿电话　(010)64027932　投稿信箱　tougao@ cnmip. com. cn
冶金工业出版社营销中心　电话　(010)64044283　传真　(010)64027893
冶金工业出版社天猫旗舰店　yjgycbs. tmall. com
（本书如有印装质量问题，本社营销中心负责退换）

前　言

钽和铌因具有熔点高、硬度大、强度高、耐酸蚀、延性好、导热和导电性能优良的特性，广泛应用于电子、化工、航空航天、光学、钢铁等行业，是高新技术不可或缺的材料。近年因5G手机、网络电视、数码摄像机、电脑业的迅速发展，对钽电容器的需求量剧增，钽铌矿石量的开采大增。

世界钽铌资源主要分布在澳大利亚、加拿大、俄罗斯、巴西、中国、东南亚、非洲等国家和地区。我国钽铌资源储量占世界总储量的20%左右，但我国因钽铌矿贫矿和多金属共伴生矿居多，品位相对较低，矿石组成复杂，开采和选别较困难，回收率低，易产生大量钽铌矿尾砂。当前，我国高科技的快速发展，对钽精矿的需求急剧增加，钽铌矿山企业加大了开采量，由此也造成钽铌矿尾砂排放量的增多。

金属矿山选矿后排放大量矿物固体废渣——尾砂，为妥善处理这些尾砂需投入大量财力和人力修建尾矿库储放，不但造成土地浪费，而且对地表植被、空气、水源、土壤等造成污染。将尾砂混合水泥材料进行胶结填充井下采空区可有效控制围岩稳定，尾砂胶结充填采矿法可实现矿山生产无尾化、节能环保，符合当前绿色矿山的发展理念。同时，该方法以充采效率高、作业环境安全、矿石损失及贫化率低等优点在国内外金属矿山得到广泛应用，随着矿山开采逐步进入地下深部区域，在地压控制、采场结构稳定维护、保障作业安全以及控制地表塌陷等方面具有不可替代的优势。

为了钽铌矿尾砂胶结充填体达到有效控制围岩稳定的目的，必须深入、全面掌握钽铌矿尾砂胶结充填体的力学性能和损伤规律，而声发射（AE）技术能够监测到材料受载荷作用过程中裂纹萌生及扩展时，储存在材料内部的能量以应力波形式释放产生的声发射（AE）信号，而这些信息则反映出了材料细观破坏的活动特性，其与材料内部缺陷的发展演化密切相关。目前，查阅国内外相关研究文献资料，鲜有发现钽铌矿尾砂胶结充填体声发射及力学特性等方面的研究报道。因此，有必要系统开展钽铌矿尾砂胶结充填体力学特性、声发射特征、损伤规律及充填效果等方面的研究，从而为更好地利用钽铌矿尾砂胶结充填体有效控制矿山地压、维护采场结构稳定、保障作业安全提供科学参考依据。

本书系统地开展了钽铌矿尾砂胶结充填体室内试验，分别研究了料浆浓度（质量分数）为 68%、72% 和 76%，灰砂比分别为 1∶4、1∶6、1∶8 和 1∶10 四种配比的系列胶结充填体试样的物理力学性能。在此基础上，研究了充填体试件在整个加载过程中的变形破坏特征和破坏模式以及在此过程中的声发射参数变化规律，并通过对充填体声发射参数的 b 值及关联分形维数值的计算分析，进一步探讨了在不同加载方式和不同应力作用下充填体试件内微裂纹的萌生、扩展的损伤演化状况。然后，基于单轴压缩试验得到的力学参数，并结合损伤力学理论对钽铌矿尾砂胶结充填体损伤力学特性进行研究分析。最后，通过数值模拟的方法，在上述研究成果的基础上，结合赣南某钽铌矿山实际工程情况，建立了该矿山采场的初始模型；对矿山开采和充填结构参数进行优化研究，就不同采场充填结构参数、矿房、充填矿柱开采顺序及不同灰砂比和料浆浓度的尾砂胶结充填采场结构的稳定性等进行系统研究，从而选出最优的开采方案和最佳的灰砂配比及料浆浓度。研究成果对地下金属矿山嗣后充填法采矿工程结构参数选择、采矿工艺优化及工程地质灾害预防具有重要指导意义，为矿山高效、绿色、经济、安全开采提供理论参考依据。

本书总体由赵康策划，参加本书撰写的有：赵康（第 1 章、第 5~

6章），朱胜唐（第2~4章），张俊萍、顾水杰（第7章），黎强（第8章）。于祥、王庆、宁富金参与了本书部分图表的制作。

本书所涉及的研究项目获得了国家自然科学基金项目（51764013）、中国博士后科学基金面上项目（2019M631321）、江西省自然科学基金重点项目（20192ACBL21014）的资助。在本书编写过程中得到了江西理工大学赵奎教授、王晓军教授的指导和帮助，在此一并表示感谢！

由于作者水平有限，书中存在不足之处，恳请读者批评斧正！

作　者

2019年7月于江西理工大学

目　录

1 绪 论

钽、铌是具有耐腐蚀、冷加工性能好、熔点高等优点的稀有金属，已被大量用于化工防腐、超导技术、硬质合金、现代电子工业等高科技领域。在全球范围内钽铌矿产较为丰富的国家和地区主要有非洲、澳大利亚、中国及俄罗斯等，我国的钽铌矿产储备量占全球总储备量的20%左右。国外绝大部分钽铌矿山储备量较大，而且有用矿石很丰富，其采选回收率较高；而我国钽铌矿石品位较低，选矿回收率较低，其赋存状态较差，能够大规模露天开采的矿石很少。

钽铌资源作为我国的优势矿产，随着现代工业对钽铌需求量的逐渐增大以及价格的不断增长，更多的钽铌矿山被开发利用。但由于此类矿石有用金属选矿率极低（一般小于10%）、品位低，因此产生的尾矿量非常大。尽管我国在对钽铌尾矿回收率的利用方面也做出了一定的努力（如将钽铌尾矿中的主要成分提取出来作为玻璃和陶瓷工业的主体原料），然而由于技术和成本的原因，使得钽铌尾矿不但不可能大量回收利用，而且还带来了一些亟待解决的问题，如尾矿大规模的占用土地、大量建造尾矿库提高成本和环境污染等，且由于露天大规模开采的钽铌矿较少，因此地压、地表沉陷以及采空区的稳定性也成为了钽铌矿地下开采不可忽视的问题。

尾砂胶结充填采矿法是解决以上问题行之有效的方法之一，对提高钽铌矿的经济效益和社会效益有着积极的作用。查阅相关文献资料发现，有关对钽铌矿尾砂作为充填材料填充采空区的研究较少，大部分集中在对钽铌矿选矿工艺的研究。为了高效安全地使用充填采矿法，对钽铌矿尾砂作为充填材料的充填体力学特性、变形特征及产生破坏的损伤演化过程进行研究是十分有必要的。因此，本书以国家自然科学基金项目（51764013）、中国博士后科学基金面上项目（2019M631321）、江西省自然科学基金重点项目（2019ZACBL21014）的资助为依托，并以江西某钽铌矿山为工程背景，通过对不同灰砂比和不同料浆浓度的钽铌矿尾砂胶结充填体进行单轴压缩和劈裂破坏声发射试验，通过分析充填体试件在整个加载过程中的声发射（简称AE）活动特征，研究充填体的力学特性、变形破坏特征以及损伤演化规律，并将研究成果结合矿山实际工程情况，对充填采场结构尺寸参数及开采顺序进行优化研究，同时对不同灰砂比和料浆浓度的尾砂胶结充填采场结构的稳定性进行研究，最终确定矿山最优的开采方案和最佳的灰砂配比。研究成果可为类似矿山嗣后充填法采矿工程结构参数选择、采矿工艺优化及工程地质灾害预防提供指导。

1.1 声发射研究的起源

声发射（Acoustic Emission，简称 AE）是材料内部因局部应变能得到迅速释放而产生的瞬时弹性波。20 世纪 30 年代，美国矿业工作者 W. Duvall 与 L. Obert 最早检测到岩体中产生的声发射信号，并在 1940 年成功地将声发射技术用于阿米克铜矿岩爆的监测中[1]。20 世纪 50 年代著名学者 J. Kaiser 在对铜、钢、铅等金属的研究中发现这些金属在受力发生损伤变形时会伴有较为明显的声发射现象，并且还发现材料再一次被加载的过程中，当加载应力达到之前最大值以前，几乎无 AE 信号的产生；而当应力进一步加载到超过之前应力最大值时声发射信号会急剧增加，即“Kaiser 效应”[2]。J. Kaiser 第一次将声发射与材料的力学过程密切联系在一起，发现了金属材料声发射过程的不可逆性（凯瑟效应），该发现是声发射技术发展史上的一个重要标志，也是当前在声发射应用领域的热点问题[3]。

20 世纪 50 年代，声发射研究在美国得到迅速发展。1954 年，Schofield[4]首次将声发射技术用于材料工程领域的研究。1957 年 Tatro 和 Schofield[5]将材料产生声发射的机理进行研究，并将其作为工具研究一些材料的力学性质。1963 年，Dunegan[6]将声发射技术使用于压力容器的安全检测，并与 Knauss[7]于 1969 年合作成立了专门生产声发射仪器的公司。Pollock[8]采用声发射技术研究材料裂纹的扩展过程。随着科学技术的迅速发展，微电子技术和电子计算机的更新换代，促使声发射设备向高精尖的方向发展，致使声发射的研究和应用的范围越来越广泛，研究也日趋深入。声发射技术在很多国家得到应用和推广。

我国在 20 世纪 70 年代开始对声发射技术进行相关的研究，主要侧重于声发射技术的应用领域。目前我国已在压力容器评价、地应力测量、结构完整性评估、焊接质量控制、管线泄漏探查、机械设备在线监测等领域取得了一定的应用成果[7]。袁振民[9]、秦四清[10]、李造鼎[11]、纪洪广[3]、唐春安[12]等学者对声发射技术方面都进行了有益的研究。Thomas F. Drouillard[13]在回顾声发射近年来的发展时说：“中国在近几十年里，在声发射技术的研究和应用方面都取得了令人瞩目的成就!”

1.2 尾砂胶结充填体声发射机理

对尾砂胶结充填体受外载荷作用后产生声发射现象的机理研究一直是研究人员关注的热点问题。通过大量的实验研究表明，尾砂胶结充填体受外载荷作用后，声发射主要是由于晶体的位错运动、晶体间的滑移、弹性和塑性变形、裂纹的产生和扩展以及摩擦作用而产生[14]。但这仅是对尾砂胶结充填体中可能成为声发射源的几种因素的一般性描述，并未涉及声发射参数与材料的特性及力学过程之间的关系，尤其是定量关系。声发射信号作为一种反映材料内部状态变化的指标，能够检测到材料受载过程中裂纹形成或扩展时，造成应力松弛，贮存的部分能量以应力波的形式产生声发射信号，这些信息反映了材料微观破坏的活动特性，与材料内部缺陷的发展演化密切相关。通过对岩石、混凝土、尾砂胶结充填体等脆性材料的声发射信号的分析和研究，可推断这些内部的性态变化，反演其破坏机制及破坏程度。但因材料的非均质、非线性等特点，通过反演所得到的结论与实际相差甚远。因此，对材料在变形和破坏过程中的声发射特征为何会表现出不同的特性不能给出较为理想的解释，仍需要人们进行大量的深入研究。

1.3 尾砂胶结充填体力学特性研究现状

充填体力学性质的研究是源于矿山充填采矿法的发展而兴起的。早在 20 世纪 60 年代，胶结充填采矿技术便已经在金属矿山得到应用。1962 年加拿大弗洛德矿第一次开始使用由尾砂和水泥混合而成的胶结体对矿山采空区进行充填[15]，其原因是因为无胶结材料的充填体内部无黏聚力，从而使充填体无法完成自立；1969 年位于澳大利亚的 MountIsa 铜矿也第一次开始使用水泥作为胶结材料的充填采矿技术对采场底柱进行了充填回采[16]；一直到 70 年代初，以废尾作为充填材料的充填技术才逐渐在有色金属矿山得到广泛的应用。我国在 20 世纪 50 年代便开始采用充填技术，但由于技术、设备及成本等原因导致充填技术发展缓慢，到了 80 年代以块石胶结充填为代表的充填技术才得以快速发展。如 1988 年大厂铜坑矿就首次使用了块石充填技术[17]，直到 90 年代后期许多新型的充填材料和充填工艺快速地发展并广泛地被应用于实践中，从而使充填技术进展取得了极大的突破。为能够高效地指导充填采空区，许多矿业工作人员围绕着充填体材料配合比、力学性能等各个方面进行了大量的研究工作。

由于充填采矿法被广泛推广和应用，因此，国内外一些学者对充填体的力学性能进行了系列研究。梁冰等人[18]采用正交试验方法分析料浆浓度、灰砂比、粉煤灰掺量对充填体单轴抗压强度的影响。赵康等人[19]通过对充填矿柱的受力特点进行分析并构建了力学模型，且由能量守恒定律对其承载覆岩的稳定性进行了研究；王来贵等人[20]研究表明：胶结体单轴抗压强度及弹性模量均随砂粒粒径的减小而减小。黄艳利等人[21]研究了不同围岩压力下充填体时间相关特性曲线。方志甫、唐绍辉[21]为论证充填体暴露面积和自立高度，在试验和理论的基础上，对深部采场的充填体稳定性进行了研究；Liu Zhixiang 等人[22]也对充填体的力学性质进行了研究。这些成果促进了充填体力学性质领域的研究发展。

一些学者从充填体强度角度进行了相关研究。曾照凯等人[23]借助数学力学模型得到了满足采场要求的充填体强度，并研究了采场暴露宽度和暴露高度与充填体强度之间的关系；邓代强等人[24]通过对安庆铜矿采空区不同配合比的胶结充填体试件做了劈裂破坏实验，得到了大量有价值的物理力学参数，并对这些参数的力学特性进行了分析讨论，其研究结果对如何提高充填体强度具有参考意义；韩斌等人[25]对胶结充填体的安全系数和稳定性可靠指标两者之间的关系进行了详细探讨，研究结果表明文中所给出的方法对阶段性充填采矿法中的胶结充填体力学强度的确定有较好的适应性。为了更好地将充填体应用到矿山现场中，研究人员开展了充填体力学性能的理论研究和现场应用。如 Kang Zhao 等人[26]、马凤山等人[27]、于世波等人[28]、邱景平等人[29]通过理论研究和现场试验验证了充填体的稳定性，并建立了充填体力学模型。

国外学者 Cihangir F 等人[30]从强度、水力学和微结构性能等方面研究了富含硫化尾砂充填体的耐久性和强度。Niroshan N 等人[31]在实验室研究了细颗粒尾矿胶结充填体黏结剂的用量和固化时间对充填体强度和刚度的影响。Suazo G 等人[32]利用剪切仪（Dss）对未分级细粒尾砂胶结充填体的力学性能进行研究，得出了养护周期、水泥掺量和初始孔隙率对力学性能的影响规律。Cui L 和 Fall M.[33]、Komurlu E 等人[34]从考虑微裂纹萌生和断裂力学的角度，研究了充填体在不同加载条件下的间接拉伸强度。Ghirian A 和 Fall M[35]研究了充填体在热-水-力-化学耦合作用下，抗压强度、抗剪强度和微观组织结构性能的演变规律。

1.4　尾砂胶结充填体声发射研究现状

目前针对尾砂胶结充填体声发射特征的研究成果较少[36]。由于尾砂胶结充填体与混凝土材料在材料组成及制作工艺等方面都有高度相似性（其差别主要在于主骨料的粒径大小），因此针对混凝土材料的声发射研究成果具有很好的借鉴价值。Obert[37]在 1941 年、Hodgson[38]在 1942 年提出了利用声发射对材料进行检测的想法，并且研究发现破裂点的定位技术。Rusch[39]于 1959 年首次对混凝土受载荷后的声发射信号进行了研究，得出了混凝土材料的 Kaiser 效应仅存在于材料极限应力 70%~85%以下的范围。1960 年，L. Hermite[40]得到了混凝土在破坏变形过程中产生噪声（即声发射）的成果。Robinson[41]在 1965 年研究了砂浆体、不同骨料掺量和不同骨料粒径的混凝土声发射特征，研究发现混凝土的声发射信号有两个主频率，这两个主频信号主要发生在混凝土的声速和泊松比发生改变的荷载水平，同时还指出声发射的优点：（1）实时和动态；（2）对结构的影响小。

Wells[42]在 1970 年研制出了可记录混凝土变形破坏过程产生的声发射的仪器，可记录频率范围在 2~20kHz 的数值。并用砂浆试块和混凝土试块进行了试验，成功记录下了检测到的噪声的波形。1970 年，Green[43]研究 4 组采用不同的骨料（石灰石、砂岩及黑硅石）的混凝土试件，对混凝土的抗压强度、弹性模量、泊松比和劈裂抗压强度等指标进行了声发射的实时监测。研究表明，利用声发射技术可以用来对混凝土破坏的全过程进行实时监测，产生的声发射信号反映了混凝土破坏的先兆信息。此外，还可用声发射定位技术测出结构缺陷所在的位置。1988 年，日本学者 Enoki 和 Kischi 深入研究了由 Aik 和 Richords 提出的定量声发射理论，使混凝土内部破坏的微裂纹的位置大小和方向完全能用张量来表征，并将反分析技术用于声发射源的特征的研究。

声发射技术在混凝土中的应用较广泛，主要是希望借助声发射技术实现对混凝土这种特殊的人造复合材料破坏过程进行监测和评价，预测材料的破坏进程，进而为建筑工程提供一种有效的、动态的、实时的无损检测方法。在国内外有关混凝土方面所开展的声发射研究也始终是围绕这一主题进行的。纵观整个混凝土声发射方面的研究历史进程来看，主要是集中在 4 个方面[44~47]：(1) 对混凝土材料声发射基本属性的研究，其中包括料浆浓度、灰砂比、骨料特性、龄期、加载方式等对声发射行为的影响；(2) 对混凝土中裂纹的产生、扩展的规律及混凝土的失稳模式与声发射之间的关系研究，包括混凝土材料的损伤机理、断裂机理及断裂预测、预报等；(3) 裂纹缺陷定位技术的研究；(4) Kaiser 效应的机理及其在混凝土材料中的应用的研究。这 4 个方面的研究互相促进，共同发展，其研究成果较丰富。每年国内外都有大量学术论文、论著、发明专利等问世，也有大量的工程实践成果的报道。

目前，声发射技术已经成为工程技术领域中常规的无损检测技术，应用较为频繁。尤其是近年来，随着高科技电子产品的迅速发展，声发射监测的仪器设备测试能力不断增强，精度逐渐提高，功能日臻完善，不仅能在实验室内开展声发射实验监测，而且能够到测试环境恶劣、复杂的矿山井下、海底等开展实时监测。在对混凝土的声发射研究内容方面逐渐深入，从单轴受力状态到三轴受力状态、从受力由静态到动态、从单因素分析到多因素研究、从材料现象的表述到材料本构关系的表达等。

1.5 声发射参数与损伤力学参数之间的关系

目前针对声发射技术的应用日趋成熟，而相应的理论研究仍处于初期阶段[48]，其主要原因是尚未建立起材料受损破坏力学参数与声发射信号参数之间的关系，因而在实际应用中缺少必要的理论支撑依据。一些学者认为最有可能建立声发射信号参数与力学参数之间关系的纽带是损伤力学[49]。根据损伤力学中对损伤的定义可知，材料产生声发射的本质就是损伤引起的，二者存在一定的一致性。

充填体等脆性材料宏观破坏是由于该材料中众多微裂隙萌发、扩展和连通的结果，研究表明充填体的损伤是由于介质微观裂隙系统的不断发育而造成的。因此，充填体细观损伤演化过程的观测对于建立正确的损伤演化方程和充填体宏观本构关系具有重要意义。许多学者采用各种探测手段和方法，以期揭示充填体等脆性材料从微观到宏观的破裂发展过程。目前较成熟的方法主要有：声发射(AE)[50]、计算机断层扫描成像（CT）[51]、扫描电子显微镜（SEM）[52]等技术。声发射技术在脆性材料破裂过程的研究中，其声发射频域能给出破裂尺度、能量耗散高低、破裂面的开合程度等断裂源特征信息，是非常有效的方法之一。充填体破坏损伤与声发射的事件数、能率和应力随时间的变化规律关系密切。

最初，一些学者以岩石材料为研究对象，开展了岩石在力学性能、AE 特征以及损伤特性等方面的研究，取得了一系列研究成果。如 Lei 等人[53]通过借助 AE 技术对岩石试样发生破裂过程中的损伤特性进行了研究，试验结果表明岩石在损伤破坏之前一般可分为三个阶段，初期、中间时期和成核阶段；Sammonds 等人[54]利用 AE 技术揭示了岩石破裂失稳过程中的损伤演化规律，并对损伤值随时间发生变化的趋势进行了探讨；Lockner 等人[55]通过单轴压缩声发射试验，探讨了脆性岩样在加载全过程中的 AE 特性，并分析了岩石内微裂纹产生、扩展、汇合、贯通直到破坏的整个损伤演化过程；李庶林等人[56]、陈国庆等人[57]分别对三轴加卸载与单轴压缩下的岩石整个破裂过程进行了声发射试验，从而得出了岩石在整个破裂过程中的力学性能与 AE 特性；赵奎等人[58]系统研究了岩石声速与其损伤及声发射关系，建立了单轴压缩过程岩石损伤参量、应变与声速之间的定量关系式，分析了不同均质度对单轴压缩过程岩石声速的影响；赵康等人[59~61]对不同大小尺寸岩石破坏过程中的声发射时空分布和演化规律及其对岩石破坏过程声发射的影响进行了研究，同时还对不同端部条件下、不同高径比岩石试样进行系列研究，得出了声发射的时间序列特征和空间分布规律。文献[12]利用随机损伤理论从统计学的角度得出了岩石的损伤参数与声发射参数间的关系。

然而对于胶结充填体的 AE 特征和损伤特性方面的研究相对较为稀少，纪洪广[49]对如何利用声发射技术评价混凝土材料损伤程度以及如何动态测定损伤因子等问题进行了系统探讨。孙光华等人[62]基于损伤力学理论并引入有效损伤率，得到基于声发射累积事件率的损伤变量，构建了充填体损伤本构方程。赵康等人[63]也研究了充填体受载破坏过程损伤量与声发射事件数的关系。Festugato L 等人[64]和 Koupouli N J F 等人[65]也研究了充填体声发射能率与损伤之间的关系。

虽然声发射参数的获取受声发射仪器性能、参数设置、人为操作等因素的影响，但声发射技术是一种有效的探测材料损伤的方法，可动态观测材料结构内部损伤演化过程。目前，已经成为材料学、力学等领域为数不多的重要的监测方法。

1.6 研究意义

钽铌矿石在选矿后留下大量的尾砂，需建立尾矿库进行存放。这将占用大量土地、破坏植被、给周边环境造成危害。且由于矿山地下开采打破了原有应力平衡，将引起采空区围岩变形和破坏，造成覆岩顶板垮塌、围岩片帮，给矿山安全生产带来严重影响。因此，将废弃尾砂制成胶结充填材料填充于井下，不仅可以控制围岩和充填体顶板发生变形及阻止岩爆和岩体的冒落，而且能降低对地表环境的严重污染，满足矿山绿色发展的要求。

近年来，一些研究者在将声发射技术应用于充填体方面做了一定探索，也取得了一些有价值的成果。但在充填体声发射特性方面的研究相对较少，尾砂胶结充填体为尾砂和胶凝剂组成的多相复合材料，其力学性质较为复杂。不同灰砂比和不同料浆浓度尾砂胶结充填体的声发射特性不同，深入了解不同灰砂比和不同料浆浓度的尾砂胶结充填体的声发射特性，对声发射技术在矿山采用充填法的应用具有重要的意义。基于此，本书通过对钽铌矿尾砂胶结充填体开展了系列力学特性试验，采用声发射技术对充填体受外载荷作用过程中产生的声发射参数特征与损伤规律之间的关系进行研究，揭示材料细观破坏的活动特性与材料内部缺陷的发展演化关系，推断充填体内部微裂纹的萌生及其扩展状况，并从中找出充填体损伤演化规律以及失稳破坏的判据。这对于钽铌矿尾砂胶结充填体在矿山充填料浆浓度、灰砂配比、充填结构尺寸参数选取及充填开采顺序等现场工程应用有着积极而重要的作用，能够为矿山高效、绿色开采提供一定的指导和借鉴。

参 考 文 献

[1] Blake W. Microseismic applications for mining: a practical guide [R]. U S: Bureau of Mines, 1982.

[2] Kaiser J. A Study of Acoustic Phenomena in Tensile Tests [D]. Munich FRG: Technische Hochschule Munchen, 1950.

[3] 纪洪广. 混凝土材料声发射性能研究与应用 [M]. 北京：煤炭工业出版社，2004.

[4] Brouillard T F. Introduction to Acoustic Emission [J]. Materials Evaluation, 1988 (46): 174-180.

[5] Tatro C A. Experimental Considerations for Acoustic Emission Testing [J]. Materials Research and standards, 1971, 11 (3): 14-17.

[6] Dunegan H L. Piezoelectric Transiderations for Acoustic Emission Measurements [M]. UCRL-50533, 1968.

[7] 袁振民. 声发射技术及应用 [J]. 无损检测，1981，1：475-481.

[8] Pollock A A. Crack Proragation Testing by AE [J]. J. Application Physics, 1970, 41: 20-45.

[9] 袁振民．我国声发射技术近期研究和应用的进展 [J]. 无损检测, 1911, 13 (10): 271-274.

[10] 秦四清, 李造鼎．岩石声发射事件在空间上的分形分布研究 [J]. 应用声学, 1992, 4: 19-20.

[11] 李造鼎, 宋纳新, 秦四清．应用岩石声发射凯塞效应测定地应力 [J]. 东北大学学报, 1994 (3): 248-252.

[12] 唐春安, 徐小荷．缺陷的演化繁衍与 Kaiser 效应函数 [J]. 地震研究, 1992, 2: 204-213.

[13] Thomas F Drouillard. Acoustic emission-the first half century [C]//The Japanese Society for NDI. Progress in Acoustic Emission Ⅶ. Sapporo: [s. n], 1994.

[14] J. R. Mitchell. Foundamentals of acoustic emission and application as an NDT tool for FRP [C]//34th Annual technical conference. Atlantic: Society of Plastics Engineers, 1979.

[15] Vdd J E. Backfill research in Canadian mines [C]//In: Hassani F P, Scoble MJ, Yu T&eds. Innovations in mining backfill technology. Brookfield (USA): Balkema publishers, 1989: 3-14.

[16] Grice A G. Fill research at Mount Isa mines limiteds [C]//In: Hassani F P, Scoble M Ju T R, eds. Innovations in mining backfill technology. Brookfield (USA): Balkema publishers. 1989: 15-22.

[17] 周罗中. 大厂铜坑矿块石胶结充填技术研究 [J]. 湖南有色金属, 1995, 11 (1): 1-5.

[18] 梁冰, 董擎, 姜利国, 等．铅锌尾砂胶结充填材料优化配比正交试验 [J]. 中国安全科学学报, 2015, 25 (12): 81-86.

[19] 赵康, 鄢化彪, 冯萧, 等．基于能量法的矿柱稳定性分析 [J]. 力学学报, 2016, 48 (4): 976-983.

[20] 王来贵, 习彦会, 刘向峰, 等．不同粒径砂粒水泥胶结体物理力学性质研究 [J]. 硅酸盐通报, 2016, 35 (1): 61-67.

[21] 黄艳利, 张吉雄, 杜杰．综合机械化固体充填采煤的充填体时间相关特性研究 [J]. 中国矿业大学学报, 2012, 41 (5): 697-701.

[22] Zhixiang Liu, Ming Lan, Siyou Xiao, et al. Damage failure of cemented backfill and its reasonable match with rock mass [J]. Transactions of Nonferrous Metals Society of China, 2015, 25: 954-959.

[23] 曾照凯, 张义平, 王永明. 高阶段采场充填体强度及稳定性研究 [J]. 金属矿山, 2010, (1): 31-34.

[24] 邓代强, 姚中亮, 唐绍辉．单轴拉伸条件下充填体的力学性能研究 [J]. 地下空间与工程学报, 2007, 3 (1): 32-34, 49.

[25] 韩斌, 张升学, 邓建, 等．基于可靠度理论的下向进路充填体强度确定方法 [J]. 中国矿业大学学报, 2006, 35 (3): 372-376.

[26] Zhao Kang, Zhao Hongyu, Zhang Junping, et al. Supporting Mechanism and Effect of Artificial

Pillars in a Deep Metal Mine [J]. Soils and Rocks, 2016, 39 (2): 149-156.

[27] 马凤山，刘锋，郭捷，等．陡倾矿体充填法采矿充填体稳定性研究 [J]．工程地质学报，2018，26 (5)：242-250.

[28] 于世波，杨小聪，董凯程，等．空场嗣后充填法充填体对围岩移动控制作用时空规律研究 [J]．采矿与安全工程学报，2014，31 (3)：430-434.

[29] 邱景平，杨蕾，邢军，等．充填体损伤本构模型的建立及其强度的确定方法 [J]．金属矿山，2016 (5)：48-51.

[30] Cihangir F, Akyol Y. Mechanical, hydrological and microstructural assessment of the durability of cemented paste backfill containing alkali-activated slag [J]. International Journal of Mining Reclamation and Environment, 2018, 32 (2): 123-143.

[31] Niroshan N, Sivakugan N, Veenstra R L. Laboratory Study on Strength Development in Cemented Paste Backfills [J]. Journal of Materials in Civil Engineering, 2017, 29 (7): 27-38.

[32] Suazo G, Fourie A, Doherty J. Cyclic Shear Response of Cemented Paste Backfill [J]. Journal of Geotechnical and Geoenvironmental Engineering , 2017, 143 (1): 1-11.

[33] Cui L, Fall M. Mechanical and thermal properties of cemented tailings materials at early ages: Influence of initial temperature, curing stress and drainage conditions [J]. Construction and Building Materials, 2016, 125: 553-563.

[34] Komurlu E, Kesimal A, Demir S. Experimental and numerical analyses on determination of indirect (splitting) tensile strength of cemented paste backfill materials under different loading apparatus [J]. Geomechanics and Engineering, 2016, 10 (6): 775-791.

[35] Ghirian A, Fall M. Coupled thermo-hydro-mechanical-chemical behaviour of cemented paste backfill in column experiments [J]. Engineering Geology, 2014, 170: 11-23.

[36] 龚囱，李长洪，赵奎．加卸荷条件下胶结充填体声发射 b 值特征研究 [J]．采矿与安全工程学报，2014，31 (5)：788-794.

[37] Obert L. Use of Subaudible for Predition of Rockburts [R]. U. S. Bureau o Mines Report Investigation, 1941.

[38] Hodgson E A. Bulltin Sismological Society of America [M]. The geometry of fractal sets . Cambridge University Press, 1942.

[39] Rusch H. Physical Problems in Testing of Concrete [J]. Zement-Kalk-Gips (Wiesbaden), 1959, 12 (1): 1-9.

[40] R G L Hermite. Volume changes of Concert Proceeding [C]//Fourth Intern. Symposium on Chemistry of Cement, V. 2, National Burau Standard Washington D. C. 1960.

[41] G S Robinson. Methods of Detection the Formation and Propafation Microcracks in Concerte [C]//International Conference on the Structure of Concrete, Session C. , 1965.

[42] D Wells. An Acoustic Apparatus to Record Emissions from Concrete under Stain [J]. Nuclear Enginering and Design, 1970, 12 (1): 80-88.

[43] A T Green. Stress Wave Emission and Fracture of Prostressed Concrete Reactor Vessel Material [C]//Second Inter American Conference on Materials Technology, American Society of Me-

chanical Engineers, Vol. 1, Aug. 1970.
[44] N Feineis. Anwendung der Schallemissionsanalyse (SEA) als zerstörungsfreies Prüfverfahren für Beton [J]. Dissertation Technische Universität Darmstadt, 1982: 511-524.
[45] W M Mccabe, R M Komer, A E Lord Jr. Acoustic Emission Behavior of Concrete Laboratory Specimens [J]. ACI Journal, 1976, (7): 255-260.
[46] P Jax, H Gaar. Verfolgung von Bruchvorgangen in Micro-und Macrobereich an Glasen und Glskeramik mit Hilfe der Schallemissionanalse (SEA) [M]. Glaskeramik Berlin, 1977.
[47] G Schickert. Acoustic Emission Technique Applied to Tests With Concrete Cubes, 2nd International Rilem Symposiumon New Devlopment in Non-destructive Testing Non-metallic Materrial. Constanta, Rumanien, 1974.
[48] 李典文．岩石工程中的声发射技术研究与应用现状 [C]//湖北省暨武汉岩石力学与工程学术会议．1990.
[49] 纪洪广，张天森，蔡美峰，等．混凝土材料损伤的声发射动态检测试验研究 [J]. 岩石力学与工程学报，2000，19 (2)：165.
[50] 赵兴东，徐继涛，姬祥，等．基于声发射活动参数的岩石破裂过程应力阈值确定 [J]. 东北大学学报（自然科学版），2017，38 (2)：270-274.
[51] 于庆磊，杨天鸿，唐世斌，等．基于 CT 的准脆性材料三维结构重建及应用研究 [J]. 工程力学，2015，32 (11)：51-62.
[52] 左建平，黄亚明，刘连峰．含偏置缺口玄武岩原位三点弯曲细观断裂研究 [J]. 岩石力学与工程学报，2013，32 (4)：740-746.
[53] Lei X L. Typical phases of pre-failure damage in granitic rocks under differential compression [J]. Fractal Analysis for Natural Hazards, 2006, 261 (1): 11-29.
[54] Sammonds P R, Meredith P G, Murrel S A F. Modelling the damage evolution in rock containing pore fluid by acoustic emission [C]//Rock Mechanics in Petroleum Engineering. Society of Petroleum Engineers, 1994.
[55] Lockner D. The role of a coustic emission in the study of rock fracture [J]. Rock Mech Min Sci & Geomech Abstr, 1993, 30 (7): 883-899.
[56] 李庶林，尹贤刚，王泳嘉，等. 单轴受压岩石破坏全过程声发射特征研究 [J]. 岩石力学与工程学报，2004，23 (15)：2499-2503.
[57] 陈国庆，赵聪，刘辉，等. 不同应力路径下岩桥试验的声发射特征研究 [J]. 岩石力学与工程学报，2016，35 (9)：1792-1804.
[58] 赵奎，金解放，王晓军，等. 岩石声速与其损伤及声发射关系研究 [J]. 岩土力学，2007，28 (10)：2105-2109.
[59] 赵康，王金安. 基于尺寸效应的岩石声发射时空特性研究 [J]. 金属矿山，2011 (6)：46-51.
[60] 赵康，王金安，赵奎. 岩石高径比效应对其声发射影响的数值模拟研究 [J]. 矿业研究与开发，2010，30 (1)：15-18.
[61] 赵康，贾群燕，赵奎. 岩石端部效应对其声发射影响的数值模拟研究 [J]. 矿业研究与

开发，2008，28（1）：13-15.

[62] 孙光华，魏莎莎，刘祥鑫．基于声发射特征的充填体损伤演化研究［J］．实验力学，2017，32（1）：137-144.

[63] 赵康，朱胜唐，周科平，等．钽铌矿尾砂胶结充填体力学特性及损伤规律研究［J］．采矿与安全工程学报，2019，36（2）：585-591.

[64] Festugato L，Fourie A，Consoli N C. Cyclic shear response of fibre-reinforced cemented paste backfill［J］. Geotechnique Letters，2013，3（1）：5-12.

[65] Koupouli N J F，Belem T，Rivard P，et al. Direct shear tests on cemented paste backfill-rock wall and cemented paste backfill-backfill interfaces［J］. Journal of Rock Mechanics and Geotechnical Engineering，2016，8（4）：472-479.

2 钽铌矿尾砂胶结充填体力学特性试验

充填采矿法能使矿产资源回收率得到极大的提高，且对保护矿山周围环境有重要作用。近年来随着充填工艺和技术等不断地发展进步，尾砂胶结充填采矿法在金属矿山的应用更加广泛[1]。尾砂胶结充填是用矿山开采排出的废尾和胶结材料按一定的料浆浓度和灰砂配比，经混合搅拌均匀后充填于采空区，主要目的是支撑采空区覆岩，有效控制地压，并为上部分层回采矿岩提供立足的底板。

充填效果的好坏取决于尾砂胶结充填体物理力学性能，因此，尾砂胶结充填体力学性能是充填效果的关键因素。充填体的强度对于充填体的稳定性发挥着极其重要的作用，也是判断能否有效地使采空区应力状况得到改善的关键指标。尾砂胶结充填体的主要力学参数包括抗压强度、抗剪强度、抗拉强度、泊松比、弹性模量、C 值以及 φ 值等，这些参数都对尾砂胶结充填体与围岩的稳定性分析具有非常重要的作用[2~4]。尾砂胶结充填体的强度与集料粒级组成、料浆浓度、养护环境、胶结剂种类、养护龄期及水泥标号等密切相关[5,6]。钽铌矿尾砂胶结充填料浆浓度和灰砂配比是影响尾砂胶结充填体强度的关键因素，也是提高充填效能，降低充填经济成本的关键[7~10]。

因此，本章通过单轴压缩试验、巴西劈裂试验以及剪切试验，系统地开展了对钽铌矿尾砂胶结充填材料不同灰砂配比及料浆浓度试验，从钽铌矿尾砂胶结充填体的物理力学性能开始进行相关系列研究。为矿山安全生产提供了较为全面的充填工艺参数，也可为其他同类矿山提供一定的参考依据。

2.1 尾砂胶结充填体试验方案

2.1.1 试件制备及养护过程

此次试验中充填体试件采用的尾砂是来自江西赣南某钽铌矿，胶结材料则采用标号为 P. O. 32. 5 普通硅酸盐水泥，使用的水为普通自来水。根据我国金属矿山在实际工程中常用的尾砂胶结充填体的料浆浓度和灰砂比，本次试验选用料浆浓度分别为68%、72%、76%，灰砂比分别为1∶4、1∶6、1∶8 和1∶10 四种配比的胶结充填体试样开展相关研究。

(1) 在尾砂从矿山运回充填实验室后，首先对尾砂的含水率进行测定，然后根据测得的数据计算出拌料时所需的用水量，最后由具体的灰砂比和浓度计算尾砂和水泥等材料的用量。

(2) 制作充填体试件前，用塑料袋将模具底部封好，并在模具内壁涂上一层薄薄的润滑油，以防止充填料浆在养护期间与模具粘贴在一起而难以脱模。充填体试件采用的尺寸大小为 $h100\text{mm}\times\phi50\text{mm}$ 以及 $h50\text{mm}\times\phi50\text{mm}$ 的圆柱体模具制得。

(3) 充填体试件中的尾砂、水泥和水的用量根据已制定好的灰砂比（1∶4、1∶6、1∶8、1∶10）和料浆浓度（68%、72%、76%），用电子秤进行称取。

(4) 将已称好的各种用料倒入搅拌容器中搅拌均匀后，再把制好的充填体浆体注入准备好的模具中进行试样的制作。

(5) 在浆体注入模具时，要注意料浆中骨料颗粒的均匀性，用玻璃棒在试模中缓慢地搅拌，将料浆内的气泡释放出来，避免小气泡在试件中产生大小不一的小孔，而影响充填体试件的均一性。注入模具的料浆应分为两层进行，第一层注入约 2/3 料浆，使用玻璃棒均匀插捣 15 次，之后抬高试件模具约 10cm 后振实，如此反复操作 8 次，大约待静置 30min 后再浇注剩余部分，浇注的料浆应超过模具顶面 8~10mm，试件成型后，待其沉降 24h 结束后，将高出模具顶面多余的料浆削掉使充填体试件顶面保持平整。成型后的试件如图 2-1 所示。

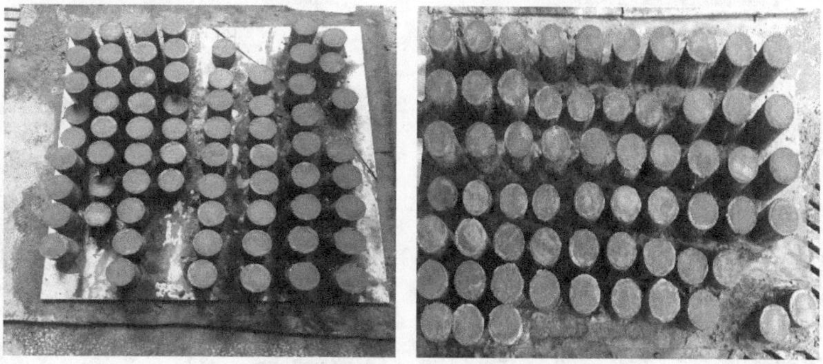

图 2-1 部分成型后的试件

(6) 将制作好的充填体试件，在常温下洒水进行养护，待 3d 后对充填体试件进行脱模（见图 2-2），脱模后的所有试件放入养护箱养护 28d。养护箱内温度一般控制在（20±2）℃、湿度控制在 95%±2%，钽铌矿尾砂胶结充填体试件在养护时期内，应按照养护方法操作，工作人员需每天密切关注养护箱内温度和湿度的变化情况，以确保试件在规定的范围内养护。在养护过程中，用塑料袋将试件包裹严实，防止积水对充填体试件浸泡，待养护至具有足够的强度后进行脱模，共制得三种浓度、四种配比的单轴抗压、抗剪与劈裂拉伸试件共 180 个。

(7) 待充填体试件达到养护所需时间（28d）后，从养护箱（见图 2-3）取出并对试件进行编号（见图 2-4），随后对用于单轴压缩试验试件的侧面磨出一个探头粘贴面，并用刷子将充填体试件两个端面和侧表面的颗粒清理干净。因篇幅所限，本章仅列部分充填体试件尺寸参数，表 2-1 为用于抗压试验的料浆浓度为 72%、灰砂比为 1∶4、1∶6、1∶8、1∶10 的充填体试件尺寸参数；表 2-2 为用于抗拉试验的料浆浓度为 72%、灰砂比为 1∶4、1∶6、1∶8、1∶10 的充填体试件尺寸参数。

图 2-2　脱模机脱模

图 2-3　试件养护

(a)

(b)

(c)

图 2-4 不同料浆浓度脱模养护后的试件

（a）料浆浓度 68%试件；（b）料浆浓度 72%试件；（c）料浆浓度 76%试件

表 2-1 单轴压缩试件尺寸参数

试件编号	灰砂比	直径/mm	高度/mm	质量/g
E1	1：4	51.02	101.68	398.26
E2	1：4	51.80	102.46	417.18
E3	1：4	49.94	100.88	416.94
F1	1：6	50.92	101.30	388.49
F2	1：6	50.92	101.70	396.22
F3	1：6	50.50	101.82	396.70
G1	1：8	49.62	102.48	413.87
G2	1：8	50.50	101.22	418.75
G3	1：8	51.80	100.48	388.52
H1	1：10	51.82	102.00	404.30
H2	1：10	50.16	101.71	386.44
H3	1：10	52.30	101.11	399.05

表 2-2 劈裂破坏试件尺寸参数

试件编号	灰砂比	直径/mm	高度/mm	质量/g
E13	1：4	51.70	51.06	211.85
E14	1：4	50.82	51.46	197.78
E15	1：4	51.92	50.90	205.91
F13	1：6	51.64	51.22	210.33
F14	1：6	51.40	51.60	211.88
F15	1：6	51.70	52.06	213.79
G13	1：8	51.72	50.48	213.82

续表 2-2

试件编号	灰砂比	直径/mm	高度/mm	质量/g
G14	1∶8	50.64	51.20	211.79
G15	1∶8	51.92	51.00	210.54
H13	1∶10	51.46	52.10	200.83
H14	1∶10	50.70	51.16	187.38
H15	1∶10	51.36	50.10	196.54

2.1.2　试验设备

本次试验对充填体进行单轴压缩、劈裂试验和剪切试验，试验采用的加载设备是由中科院武汉岩土力学研究所研制的 RMT-150C 型液压伺服控制系统（见图 2-5），它是对混凝土与岩石等材料力学性能研究较为可靠的一种设备。该系统拥有诸多的优点，如可用于三轴、单轴压缩以及剪切试验，且有多种试验加载方式可供选择，如位移控制、行程控制和力控制，并具有操作简便、性能稳定、数据精准度高等特点。在试件整个加载过程中，可实时动态显示试验过程中充填体试样的荷载、位移、应力等参数的变化情况，并可同步绘制出位移-荷载等关系曲线。在本次劈裂和单轴压缩声发射实验中充填体试件的加载方式均选择位移加载，充填体试件的加载速率设为 0.002mm/s，试验过程中纵向位移传感器量程选设为 5mm，横向位移传感器量程选设为 2.5mm。

图 2-5　RMT-150C 型液压伺服控制系统

2.2　尾砂胶结充填体单轴抗压强度试验

单轴抗压强度是指充填体在单轴压缩作用下达到破坏前所能承受的最大压应力。它是充填体物理力学性质重要参数之一，能直接反映充填体的坚硬程度。选取做好的充填体试件通过压力机进行充填体抗压强度试验，并经过数据处理，可得到充填体应力-应变曲线、单轴抗压强度、充填体弹性模量 E 和泊松比 ν 等参数。

2.2.1 单轴抗压强度测定

采用 RMT-150C 岩石力学试验系统进行无侧限单向加载试验，控制形式为位移控制。结合 RMT-150C 岩石力学试验系统自带软件，可自动记录试件垂直变形、横向变形和垂直力等数值，操作简单，数据可靠。试件压缩过程如图 2-6 所示。

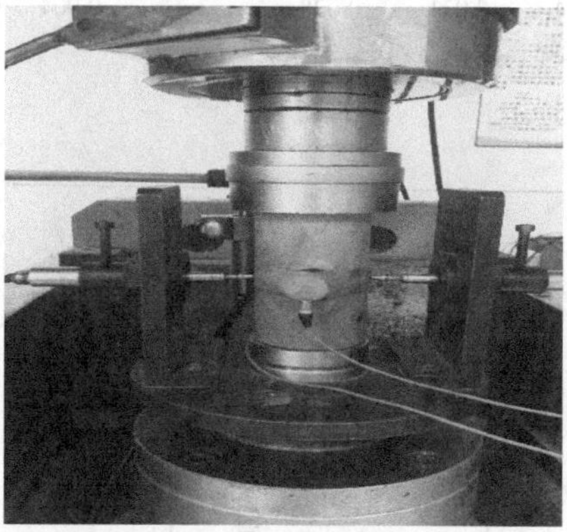

图 2-6　单轴压缩试验

根据压力机测得的垂直变形量、轴向力，再结合试件自身的尺寸可以计算出相应的应力、应变值。再将应力、应变值导入到 Origin 绘图软件中，可绘制出全应力-应变关系曲线。由试验数据绘制的应力-应变关系曲线如图 2-7 所示。

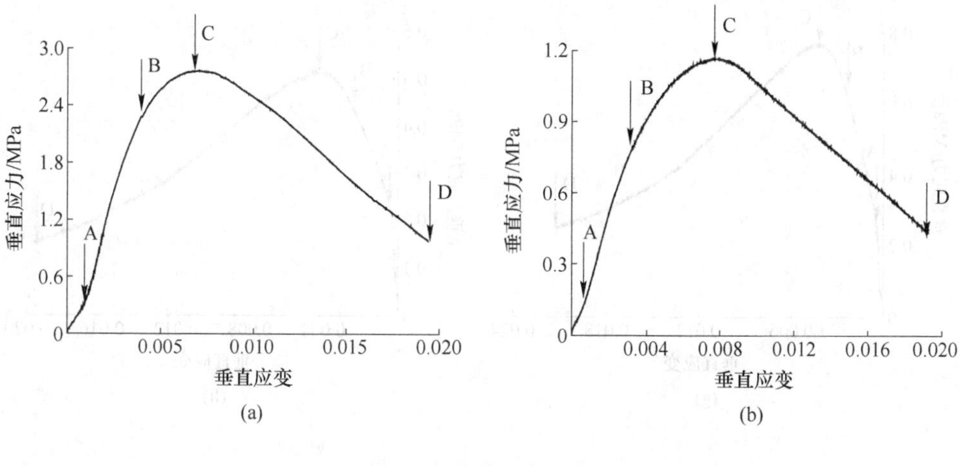

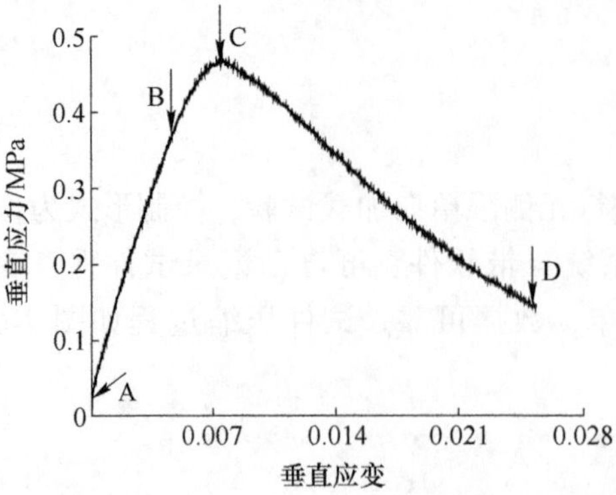
0.5
0.4
0.3
0.2
0.1
0
0.007
0.014
0.021
0.028
垂直应力/MPa
垂直应变
A
B
C
D

(c)

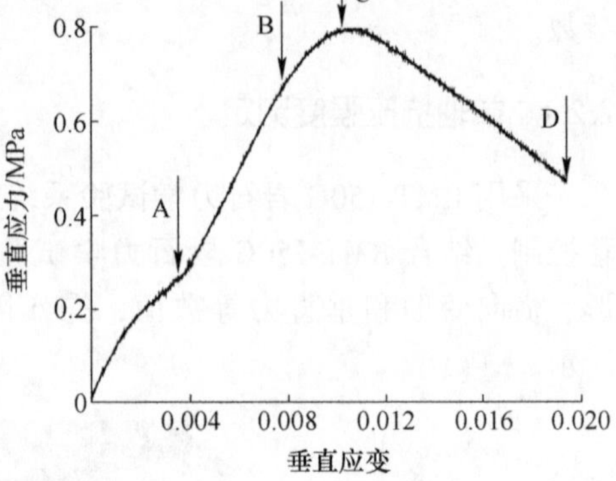
0.8
0.6
0.4
0.2
0
0.004
0.008
0.012
0.016
0.020
垂直应力/MPa
垂直应变
A
B
C
D

(d)

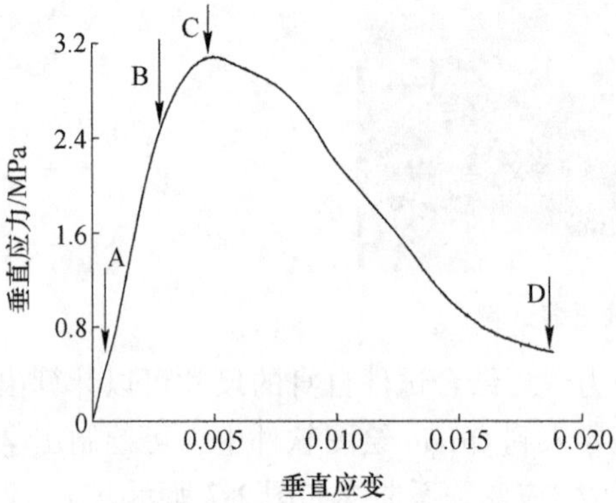
3.2
2.4
1.6
0.8
0
0.005
0.010
0.015
0.020
垂直应力/MPa
垂直应变
A
B
C
D

(e)

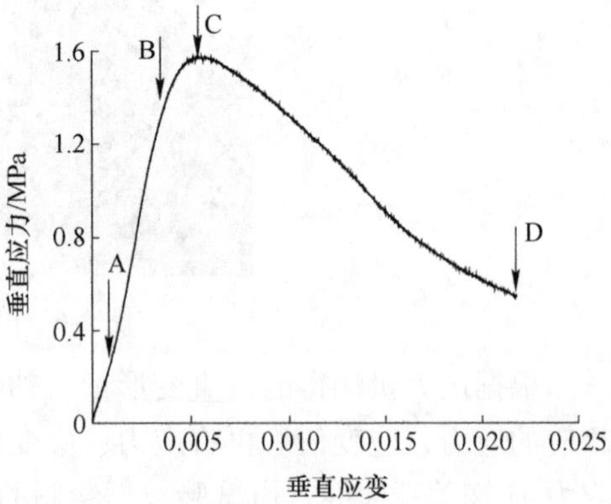
1.6
1.2
0.8
0.4
0
0.005
0.010
0.015
0.020
0.025
垂直应力/MPa
垂直应变
A
B
C
D

(f)

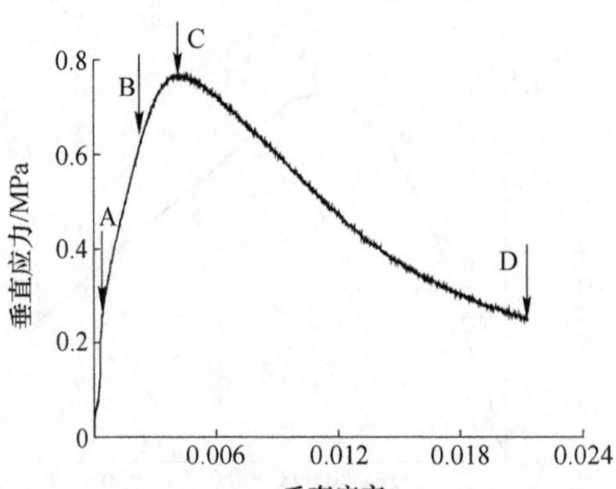
0.8
0.6
0.4
0.2
0
0.006
0.012
0.018
0.024
垂直应力/MPa
垂直应变
A
B
C
D

(g)

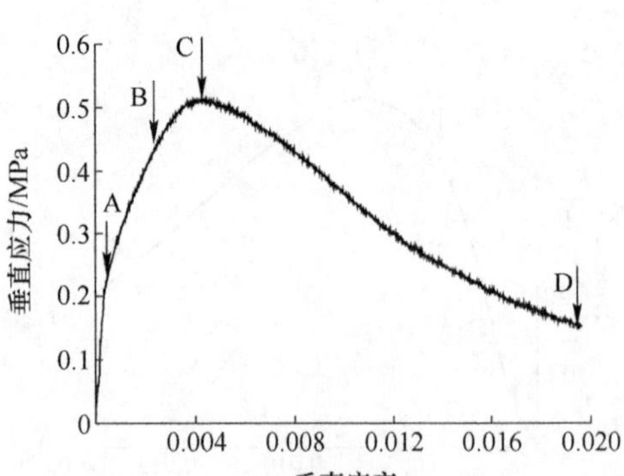
0.6
0.5
0.4
0.3
0.2
0.1
0
0.004
0.008
0.012
0.016
0.020
垂直应力/MPa
垂直应变
A
B
C
D

(h)

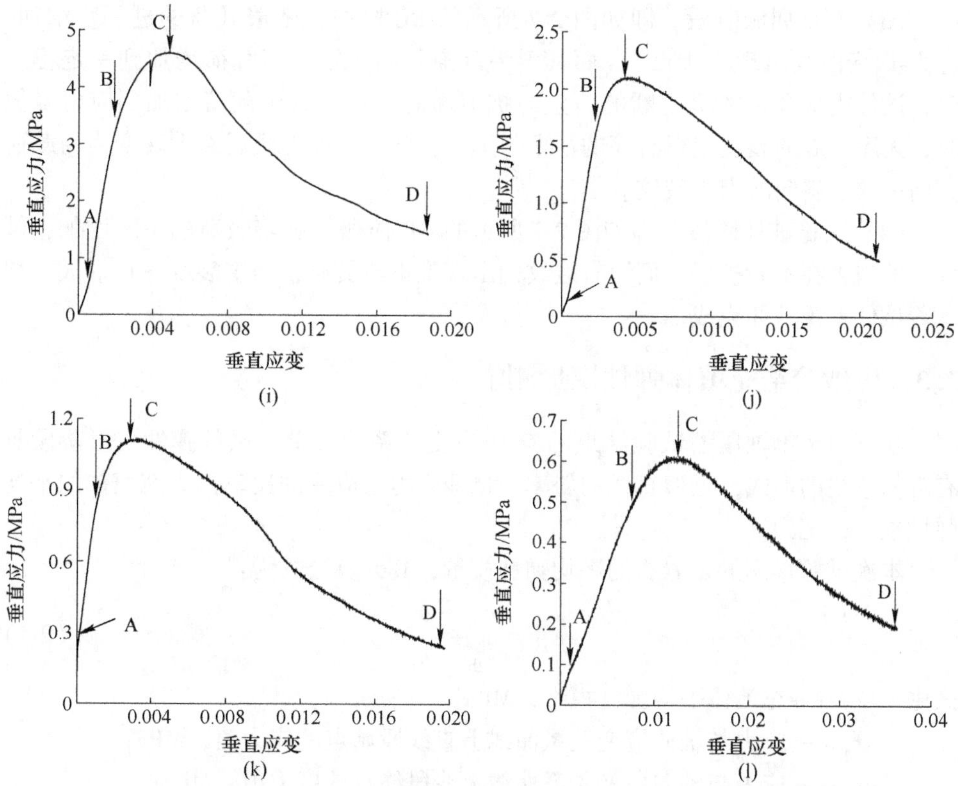

图 2-7 不同料浆浓度和灰砂比试件应力-应变曲线

（a）浓度 68%灰砂比 1：4 试件应力-应变曲线；（b）浓度 68%灰砂比 1：6 试件应力-应变曲线；
（c）浓度 68%灰砂比 1：8 试件应力-应变曲线；（d）浓度 68%灰砂比 1：10 试件应力-应变曲线；
（e）浓度 72%灰砂比 1：4 试件应力-应变曲线；（f）浓度 72%灰砂比 1：6 试件应力-应变曲线；
（g）浓度 72%灰砂比 1：8 试件应力-应变曲线；（h）浓度 72%灰砂比 1：10 试件应力-应变曲线；
（i）浓度 76%灰砂比 1：4 试件应力-应变曲线；（j）浓度 76%灰砂比 1：6 试件应力-应变曲线；
（k）浓度 76%灰砂比 1：8 试件应力-应变曲线；（l）浓度 76%灰砂比 1：10 试件应力-应变曲线

2.2.2 单轴抗压试验结果

根据试验得出的尾砂胶结充填体抗压破坏的应力-应变曲线（见图 2-7）可知，其抗压破坏过程大致可以分为四个阶段[11]：

（1）孔隙裂隙压紧密实阶段。即如图 2-7 所示的 0A 阶段，处于加载初期，充填体试件的应力-应变曲线都出现了“下凹”现象，这是由于充填体试件内部的细微孔隙与裂纹等弱结构面在该阶段内被挤压密实，灰砂比越高，其“下凹”越明显。

（2）线弹性阶段。即如图 2-7 所示的 AB 阶段，随着载荷的增加，充填体试件内部原生裂隙及细小颗粒间的孔隙进一步被压实，应力-应变曲线趋近为一条直线，现有的应力尚未达到致使出现新的裂纹，变形进入线弹性阶段。

（3）塑性屈服阶段。即如图 2-7 所示的 BC 阶段，随着载荷的进一步增加，应力-应变曲线出现“上凸”，而其斜率逐渐趋向为零。当载荷增加到一定程度时，试件内部开始随机不断的萌生与扩展新的裂纹，直至载荷增加到应力峰值时，无序扩展的裂纹变得有序的汇聚与延伸，此时试件由微观裂隙转变为与载荷方向一致或斜向的宏观裂纹。

（4）失稳破坏阶段。即如图 2-7 所示的 CD 阶段，随着载荷的不断增加，试件新的裂纹在不断扩展，而原有裂纹则出现聚集与贯通，当主裂纹一旦形成，预示着试件宏观破坏完成。

2.3　尾砂胶结充填体弹性模量测定

在充填体单轴压缩试验结果的应力-应变关系曲线上，试件弹性变形阶段具有近似直线的形式，近似直线的斜率，也即应力与应变的比率称为充填体的平均弹性模量，记为 E。

本次试验采用的是岩石的平均弹性模量，其计算公式为：

$$E_{av} = \frac{\sigma_b - \sigma_a}{\varepsilon_{lb} - \varepsilon_{la}} \tag{2-1}$$

式中　E_{av}——充填体平均弹性模量，MPa；

σ_a——应力与轴向应变关系曲线上直线段始点的应力值，MPa；

σ_b——应力与轴向应变关系曲线上线段终点的应力值，MPa；

ε_{la}——应力为 σ_a 时的轴向应变值；

ε_{lb}——应力为 σ_b 时的轴向应变值。

在应力-应变关系曲线上应力峰值前选定近似直线的一段，通过 Origin 绘图软件进行线性拟合，即可得到充填体平均弹性模量 E。部分由全应力-应变曲线所选定的近似直线拟合得到的平均弹性模量结果如图 2-8 所示。

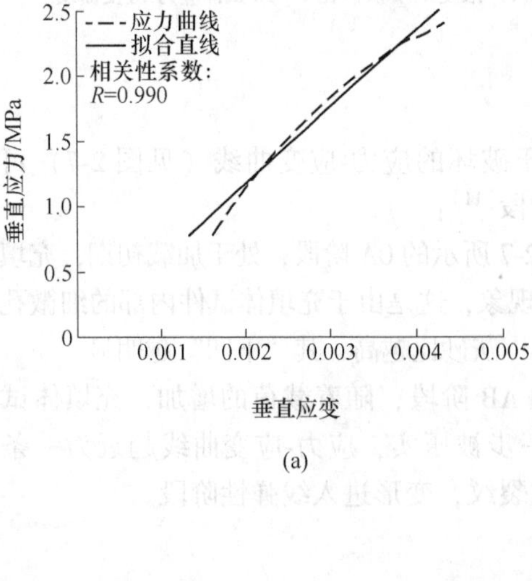

(a)

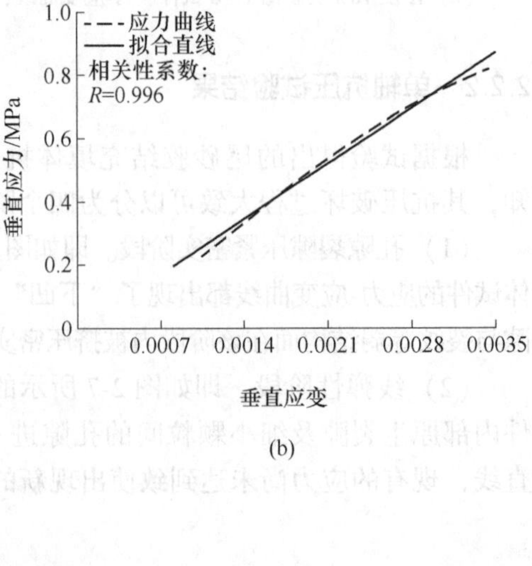

(b)

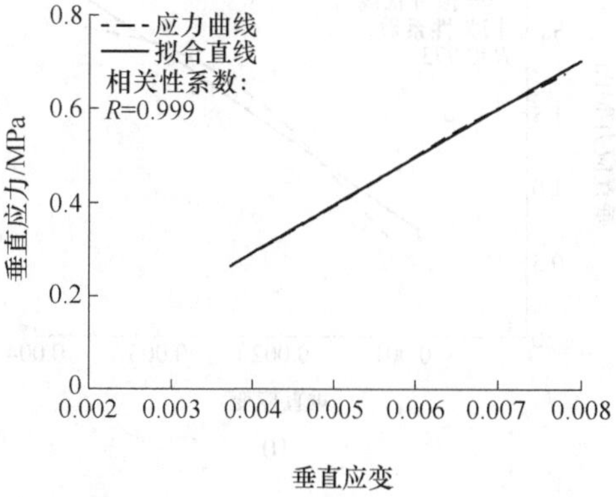
应力曲线
拟合直线
相关性系数:
R=0.999
垂直应力/MPa
垂直应变
0.8
0.6
0.4
0.2
0
0.002
0.003
0.004
0.005
0.006
0.007
0.008

(c)

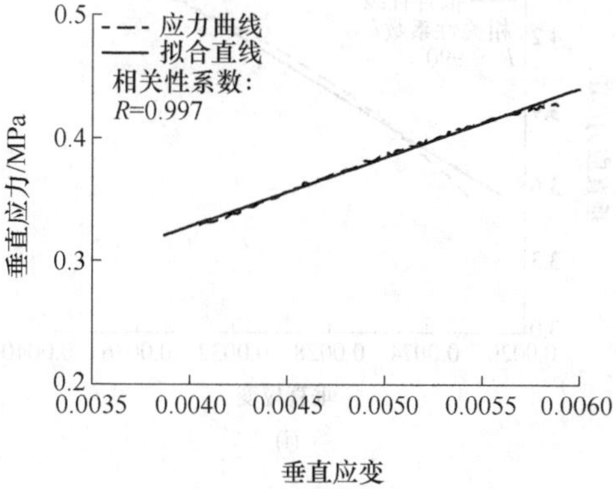
应力曲线
拟合直线
相关性系数:
R=0.997
垂直应力/MPa
垂直应变
0.5
0.4
0.3
0.2
0.0035
0.0040
0.0045
0.0050
0.0055
0.0060

(d)

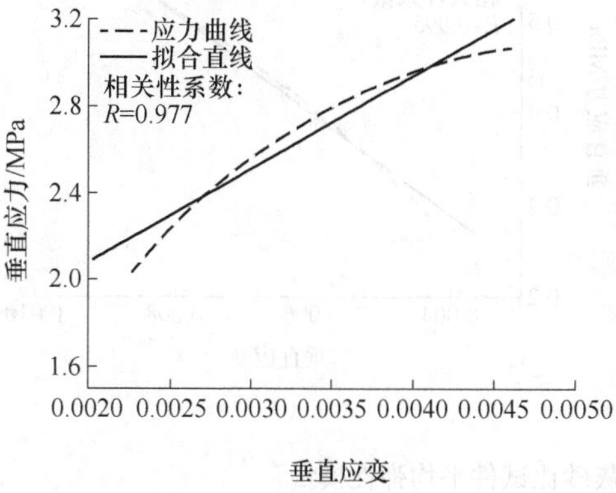
应力曲线
拟合直线
相关性系数:
R=0.977
垂直应力/MPa
垂直应变
3.2
2.8
2.4
2.0
1.6
0.0020
0.0025
0.0030
0.0035
0.0040
0.0045
0.0050

(e)

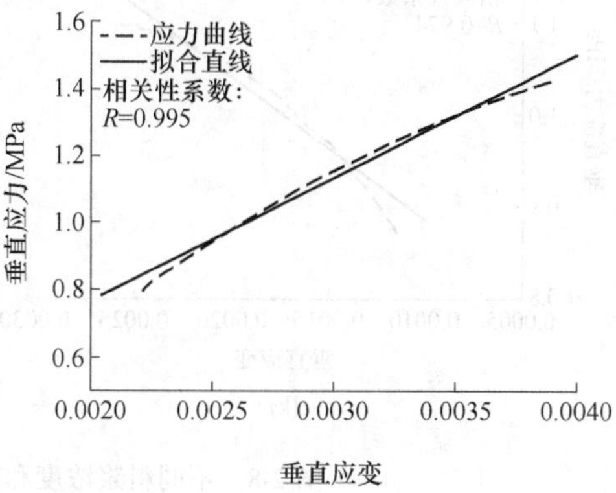
应力曲线
拟合直线
相关性系数:
R=0.995
垂直应力/MPa
垂直应变
1.6
1.4
1.2
1.0
0.8
0.6
0.0020
0.0025
0.0030
0.0035
0.0040

(f)

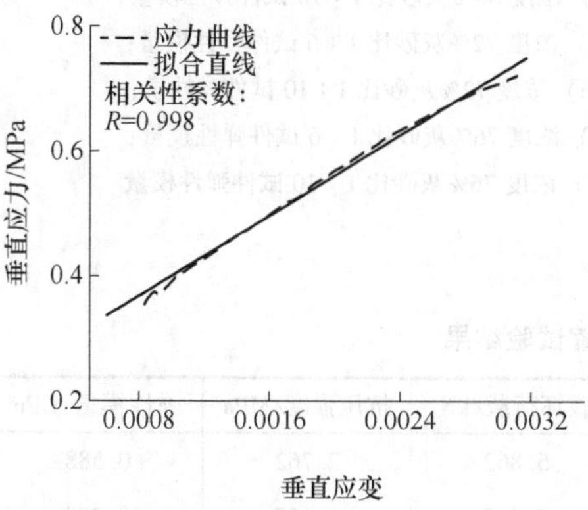
应力曲线
拟合直线
相关性系数:
R=0.998
垂直应力/MPa
垂直应变
0.8
0.6
0.4
0.2
0.0008
0.0016
0.0024
0.0032

(g)

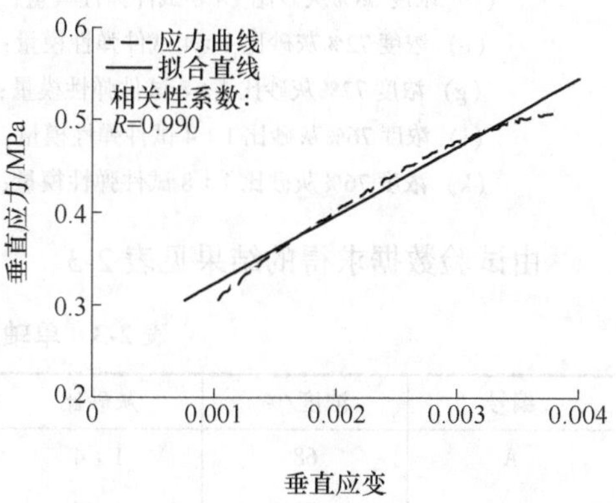
应力曲线
拟合直线
相关性系数:
R=0.990
垂直应力/MPa
垂直应变
0.6
0.5
0.4
0.3
0.2
0
0.001
0.002
0.003
0.004

(h)

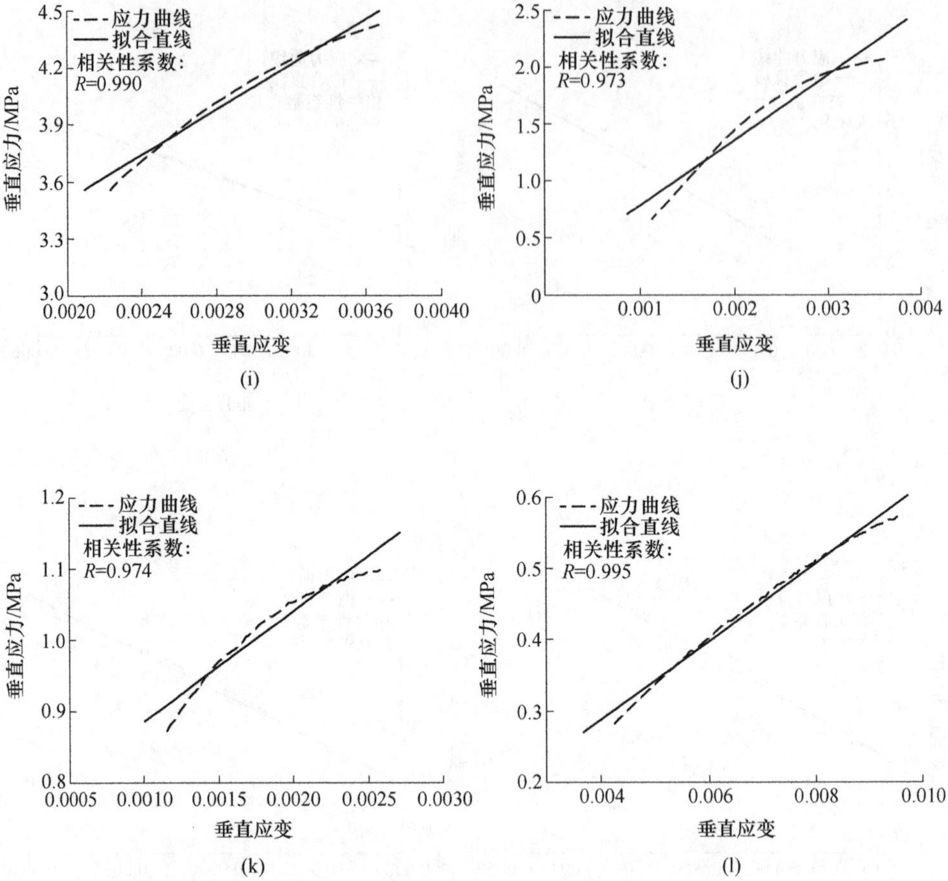

图 2-8　不同料浆浓度和灰砂比试件平均弹性模量

（a）浓度 68%灰砂比 1∶4 试件弹性模量；（b）浓度 68%灰砂比 1∶6 试件弹性模量；
（c）浓度 68%灰砂比 1∶8 试件弹性模量；（d）浓度 68%灰砂比 1∶10 试件弹性模量；
（e）浓度 72%灰砂比 1∶4 试件弹性模量；（f）浓度 72%灰砂比 1∶6 试件弹性模量；
（g）浓度 72%灰砂比 1∶8 试件弹性模量；（h）浓度 72%灰砂比 1∶10 试件弹性模；
（i）浓度 76%灰砂比 1∶4 试件弹性模量；（j）浓度 76%灰砂比 1∶6 试件弹性模量；
（k）浓度 76%灰砂比 1∶8 试件弹性模量；（l）浓度 76%灰砂比 1∶10 试件弹性模量

由试验数据求得的结果见表 2-3。

表 2-3　单轴压缩试验结果

编号	浓度/%	灰砂比	破坏荷载/kN	抗压强度/MPa	弹性模量/GPa
A	68	1∶4	5.862	2.762	0.588
B	68	1∶6	2.448	1.167	0.250
C	68	1∶8	1.686	0.797	0.102

续表 2-3

编号	浓度/%	灰砂比	破坏荷载/kN	抗压强度/MPa	弹性模量/GPa
D	68	1∶10	0.988	0.469	0.060
E	72	1∶4	6.534	3.090	0.629
F	72	1∶6	3.172	1.576	0.367
G	72	1∶8	1.922	0.941	0.162
H	72	1∶10	1.390	0.708	0.074
I	76	1∶4	9.850	4.605	0.896
J	76	1∶6	4.454	2.098	0.570
K	76	1∶8	2.354	1.113	0.194
L	76	1∶10	1.748	0.823	0.095

2.4 尾砂胶结充填体泊松比测定

充填体泊松比是指充填体在单向受压或受拉状态下，横向应变与轴向应变的绝对值之比。它是评价充填体变形特征的重要参数之一，可以通过试验手段得出。测定泊松比的方法有三种：室内试样试验、双轴压缩法试验、承压板法岩体变形试验，其中室内试样试验的方法最为常见。在室内进行试样单轴压缩试验时，除测定充填体弹性模量外，均要求同时测定充填体泊松比。本次试验采用 RMT-150C 岩石力学试验系统测得纵向变形和横向变形值，再经过数据处理即可得到充填体泊松比数值。

本次实验测量的是充填体的平均泊松比，其计算公式为：

$$\mu_{av} = \frac{\varepsilon_{db} - \varepsilon_{da}}{\varepsilon_{lb} - \varepsilon_{la}} \tag{2-2}$$

式中 μ_{av}——充填体平均泊松比；

ε_{la}——应力为前述 σ_a 时的轴向应变值；

ε_{lb}——应力为前述 σ_b 时的轴向应变值；

ε_{da}——应力为 σ_a 时的径向应变值；

ε_{db}——应力为 σ_b 时的径向应变值。

在应力-应变关系曲线上选定近似直线的一段，其对应时间段内的横、纵向应变值，将已测定的应变值采用 Origin 软件进行线性拟合处理，得到的直线段斜率即为充填体试件的平均泊松比。

由横、纵向应变值拟合得到的充填体试件及泊松比的结果如图 2-9 所示。

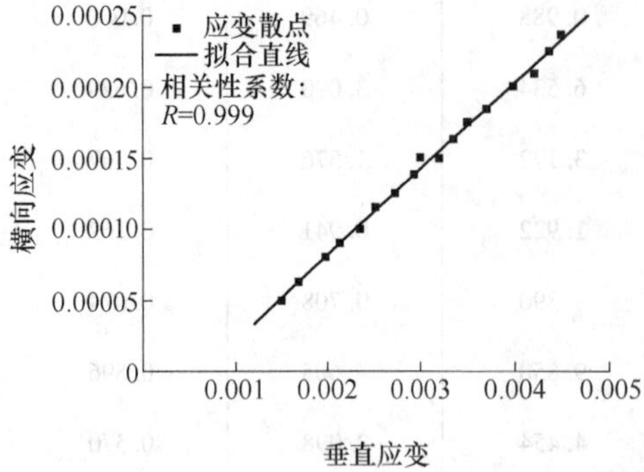
应变散点
拟合直线
相关性系数:
R=0.999
横向应变
垂直应变

(a)

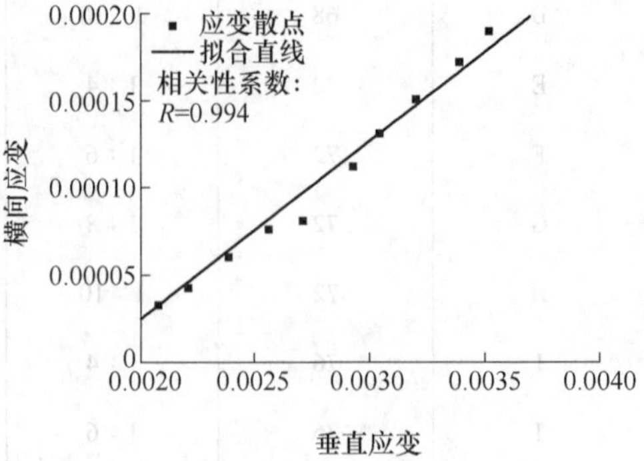
应变散点
拟合直线
相关性系数:
R=0.994
横向应变
垂直应变

(b)

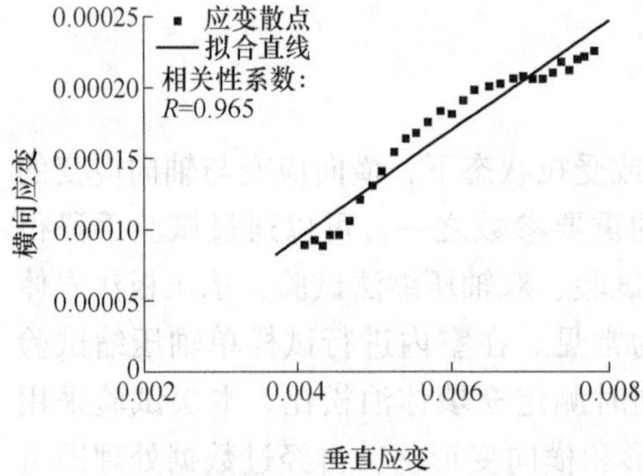
应变散点
拟合直线
相关性系数:
R=0.965
横向应变
垂直应变

(c)

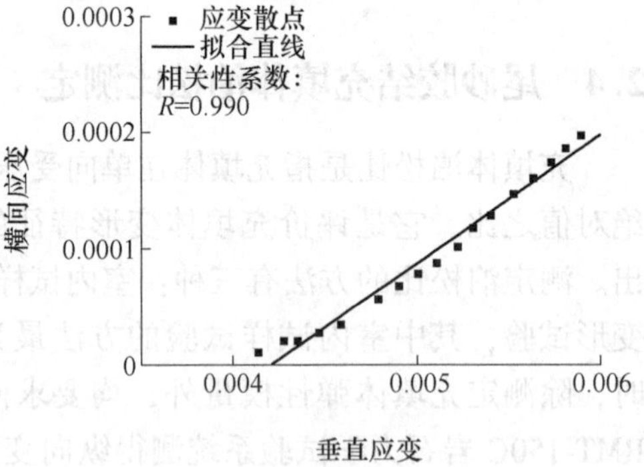
应变散点
拟合直线
相关性系数:
R=0.990
横向应变
垂直应变

(d)

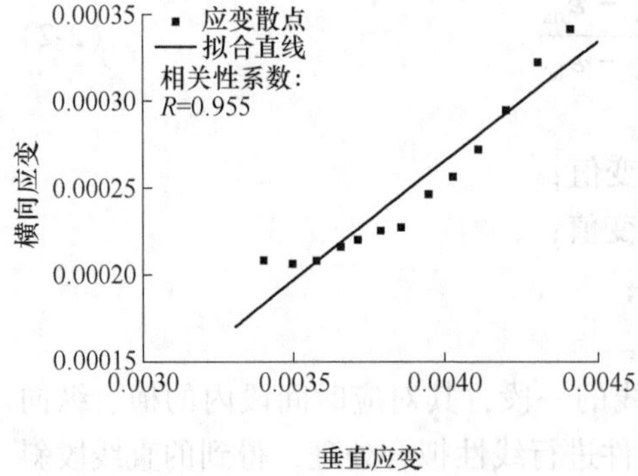
应变散点
拟合直线
相关性系数:
R=0.955
横向应变
垂直应变

(e)

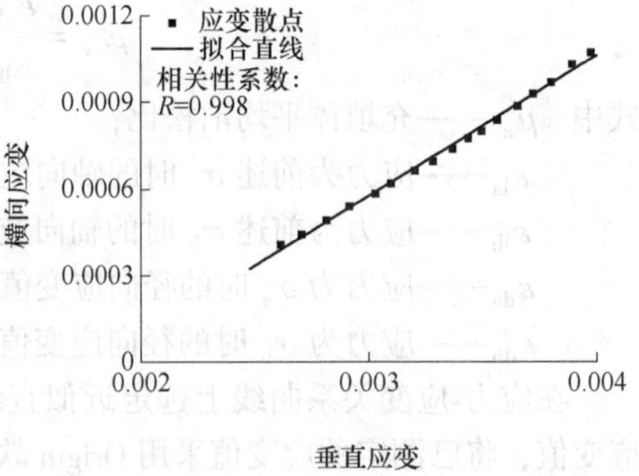
应变散点
拟合直线
相关性系数:
R=0.998
横向应变
垂直应变

(f)

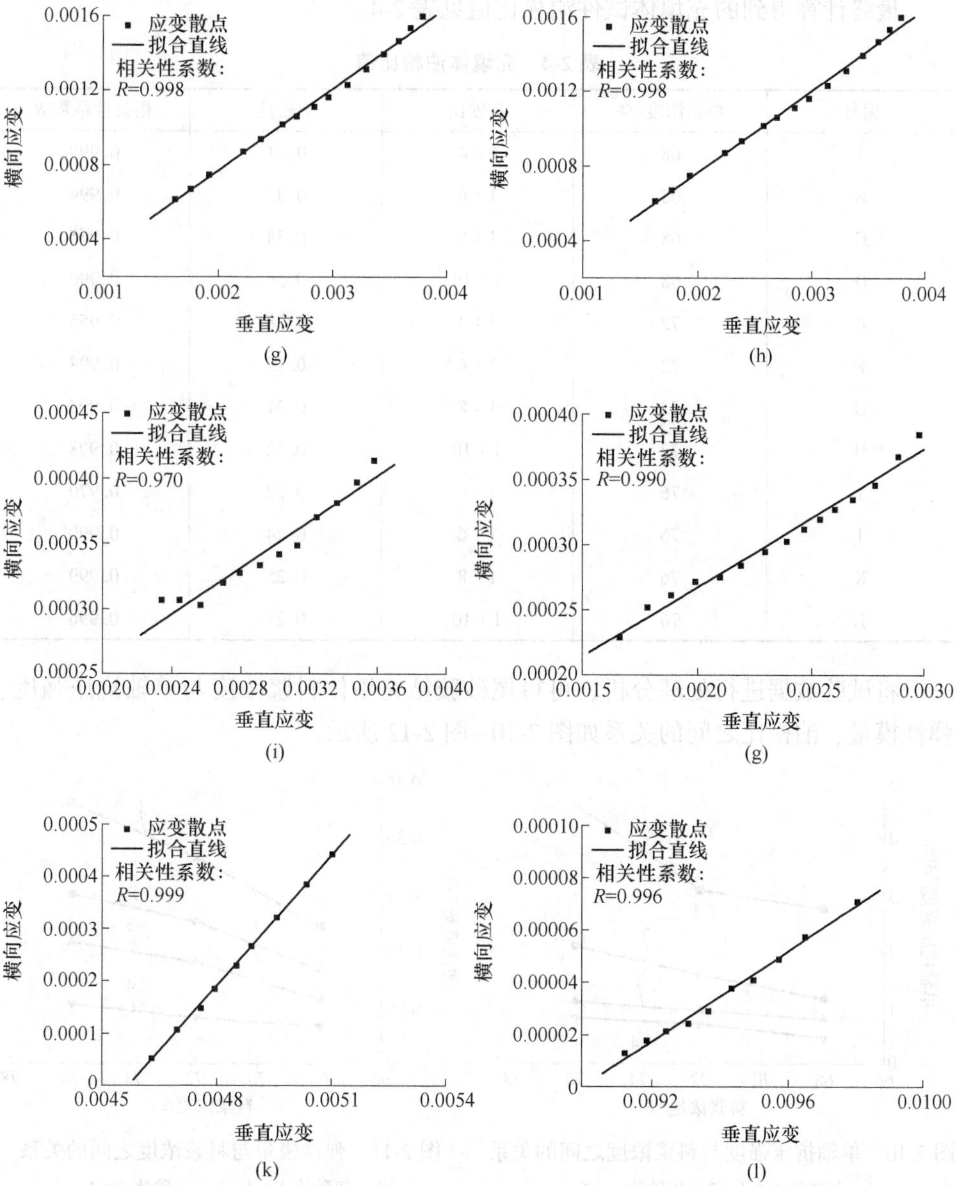

图 2-9 不同料浆浓度和灰砂比试件泊松比结果

(a) 浓度 68%灰砂比 1∶4 试件泊松比；(b) 浓度 68%灰砂比 1∶6 试件泊松比；
(c) 浓度 68%灰砂比 1∶8 试件泊松比；(d) 浓度 68%灰砂比 1∶10 试件泊松比；
(e) 浓度 72%灰砂比 1∶4 试件泊松比；(f) 浓度 72%灰砂比 1∶6 试件泊松比；
(g) 浓度 72%灰砂比 1∶8 试件泊松比；(h) 浓度 72%灰砂比 1∶10 试件泊松比；
(i) 浓度 76%灰砂比 1∶4 试件泊松比；(g) 浓度 76%灰砂比 1∶6 试件泊松比；
(k) 浓度 76%灰砂比 1∶8 试件泊松比；(l) 浓度 76%灰砂比 1∶10 试件泊松比

最终计算得到的充填体试件泊松比值见表 2-4。

表 2-4　充填体泊松比值

编号	料浆浓度/%	灰砂比	泊松比	相关性系数 R
A	68	1∶4	0.31	0.999
B	68	1∶6	0.33	0.994
C	68	1∶8	0.34	0.965
D	68	1∶10	0.36	0.990
E	72	1∶4	0.28	0.955
F	72	1∶6	0.29	0.998
G	72	1∶8	0.31	0.998
H	72	1∶10	0.32	0.998
I	76	1∶4	0.22	0.970
J	76	1∶6	0.24	0.990
K	76	1∶8	0.25	0.999
L	76	1∶10	0.27	0.996

将试验数据进行处理分析，可得尾砂胶结充填体料浆浓度与单轴抗压强度、弹性模量、泊松比之间的关系如图 2-10~图 2-12 所示。

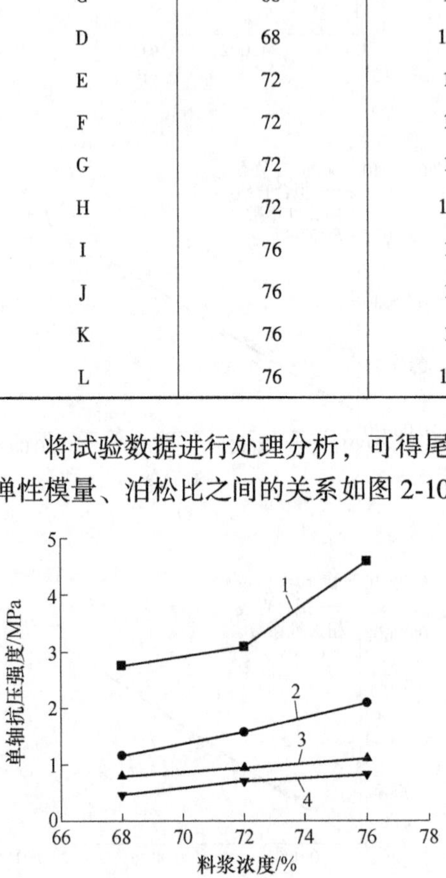

图 2-10　单轴抗压强度与料浆浓度之间的关系

1—灰砂比 1∶4；2—灰砂比 1∶6；
3—灰砂比 1∶8；4—灰砂比 1∶10

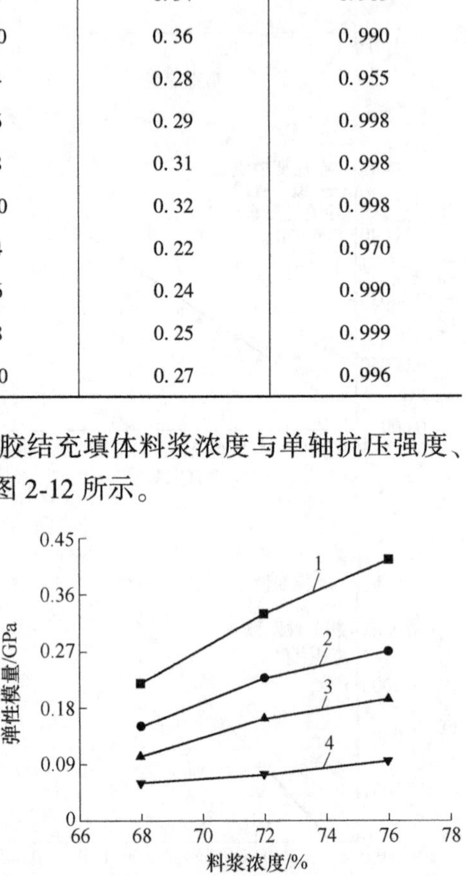

图 2-11　弹性模量与料浆浓度之间的关系

1—灰砂比 1∶4；2—灰砂比 1∶6；
3—灰砂比 1∶8；4—灰砂比 1∶10

由表 2-3 和表 2-4 得到的数据结果可知，尾砂胶结充填体的单轴抗压强度随着灰砂比的减小而减小，随料浆浓度的增大而增大；弹性模量随着料浆浓度的增大而增大，随灰砂比的减小而减小；泊松比随着料浆浓度的增大而减小，随灰砂比的减小而增大。

从图 2-10 的关系曲线可以看出，当料浆浓度一定时，灰砂比在 1∶6~1∶10

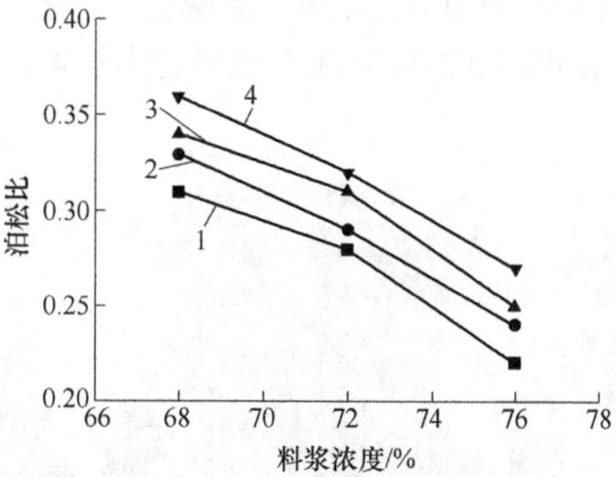

图 2-12 泊松比与料浆浓度之间的关系

1—灰砂比 1∶4；2—灰砂比 1∶6；3—灰砂比 1∶8；4—灰砂比 1∶10

区间内，充填体抗压强度随着灰砂比的增大而增大；而当灰砂比达到 1∶4 时，充填体单轴抗压强度发生突增，在料浆浓度为 76%时增加量最大，充填体抗压强度由 2.098MPa 增加到 4.605MPa，增长了 2.507MPa，比充填体最小的抗压强度增加 119.6%。因此可知灰砂比 1∶4 时充填体强度得到了明显的提升。灰砂比为 1∶6、1∶8、1∶10 时，尾砂充填体单轴抗压强度随料浆浓度的增大而平缓地增大；而灰砂比 1∶4 时，在料浆浓度为 72%处出现了明显的拐点，之后充填体抗压强度增长幅度异常明显。

由图 2-11 可以得出，尾砂胶结充填料浆浓度一定时，充填体的弹性模量随着灰砂比的增大而增大，在料浆浓度也增大时，弹性模量的提升幅度也发生了较为明显的增长。料浆浓度为 76%时，当灰砂比由 1∶6 增加到 1∶4 时，弹性模量增长幅度较大，从 0.27GPa 增加到 0.416GPa。在灰砂比一定时，灰砂比 1∶4 的曲线更陡，表明弹性模量的增长幅度更大。

由图 2-12 泊松比与料浆浓度的关系曲线可以得出，当料浆浓度一定时，尾砂胶结充填体的泊松比随着灰砂比的增大而减小；但其随灰砂比增大而减小的幅度并不明显，稍微有些波动，说明尾砂充填体中的胶结剂水泥含量难以使尾砂充填体的泊松比性质发生改变。当灰砂比一定时，充填体泊松比随着料浆浓度的增大而减小，泊松比减小幅度较大，表明料浆浓度对充填体泊松比性质有较大的影响。

2.5 尾砂胶结充填体抗剪强度试验

通过抗剪强度试验，可以测定充填体的黏聚力 C 和内摩擦角 φ。本次试验不同灰砂比和料浆浓度的充填体试验每组各使用 9 个试样，其中 3 个试样一个角度，分别为 30°、45°和 60°进行抗剪强度试验。再将每一组测得的数据导入到 Origin 绘图软件中进行线性拟合，得到直线斜率的反向正切角即为充填体内摩擦角值，而直线与纵坐标的截距即为充填体的黏聚力 C。充填体抗剪强度试验过程如图 2-13 所示，计算结果如图 2-14 所示。最终各类充填体黏聚力和内摩擦角计算结果见表 2-5。

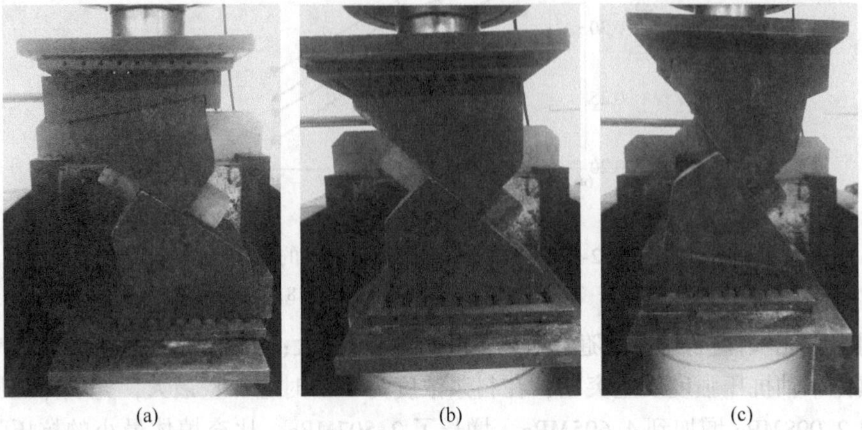

图 2-13　抗剪强度试验

（a）30°剪切试验；（b）45°剪切试验；（c）60°剪切试验

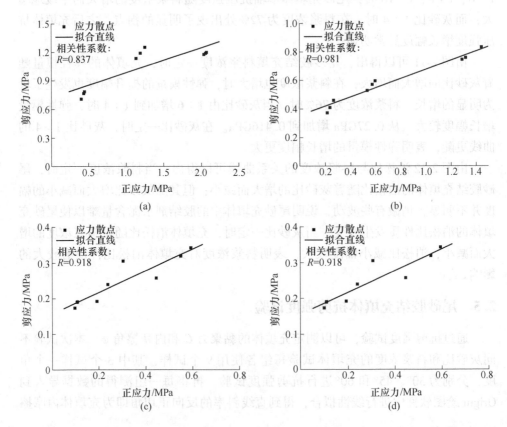

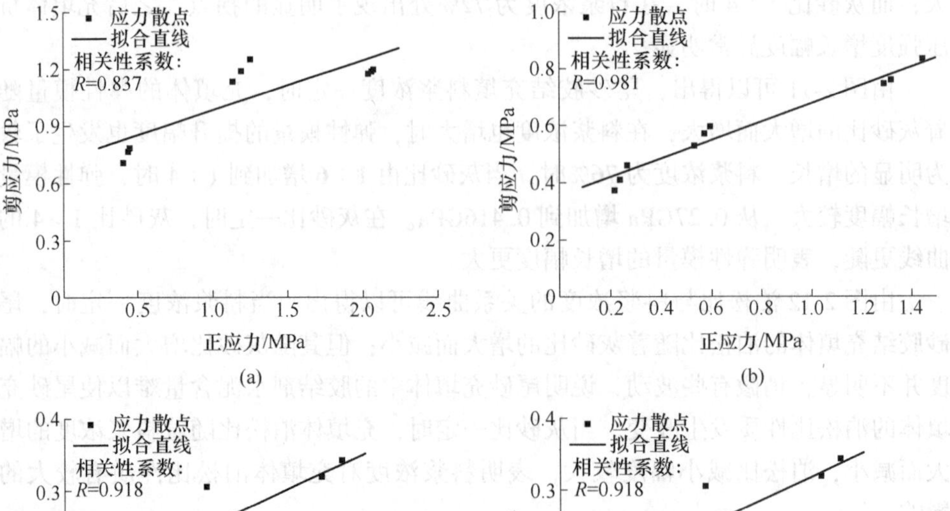

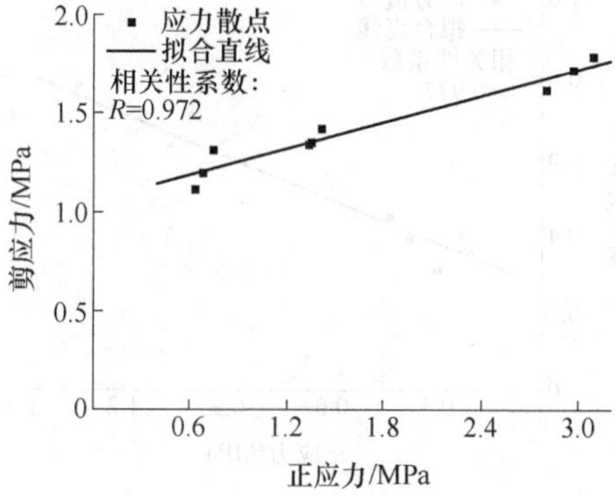

应力散点
拟合直线
相关性系数:
R=0.972
剪应力/MPa
正应力/MPa
2.0
1.5
1.0
0.5
0
0.6
1.2
1.8
2.4
3.0

(e)

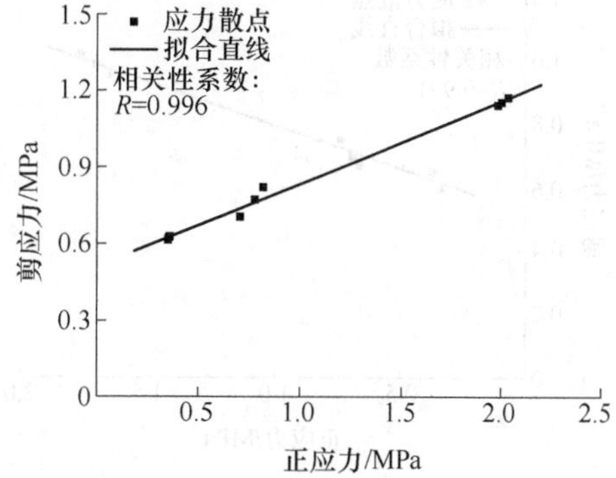

应力散点
拟合直线
相关性系数:
R=0.996
剪应力/MPa
正应力/MPa
1.5
1.2
0.9
0.6
0.3
0
0.5
1.0
1.5
2.0
2.5

(f)

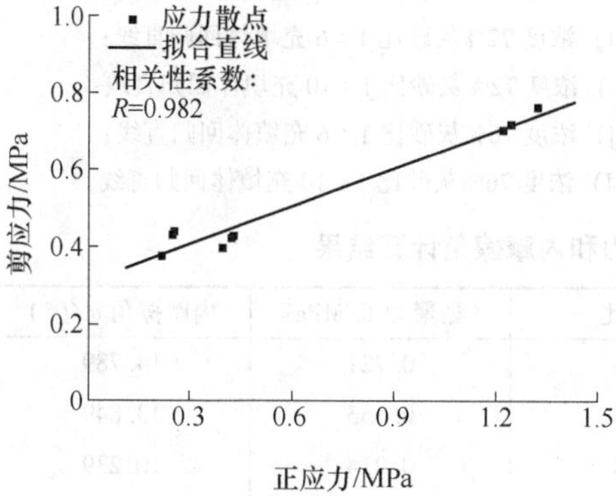

应力散点
拟合直线
相关性系数:
R=0.982
剪应力/MPa
正应力/MPa
1.0
0.8
0.6
0.4
0.2
0
0.3
0.6
0.9
1.2
1.5

(g)

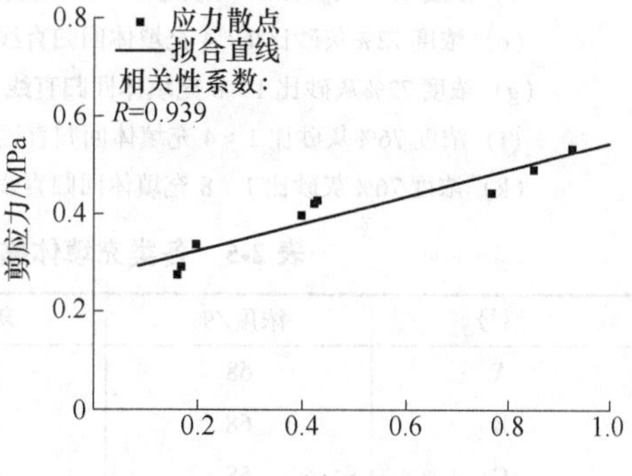

应力散点
拟合直线
相关性系数:
R=0.939
剪应力/MPa
正应力/MPa
0.8
0.6
0.4
0.2
0
0.2
0.4
0.6
0.8
1.0

(h)

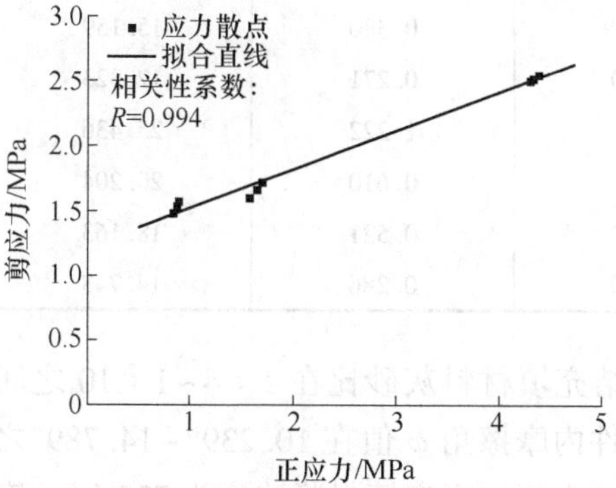

应力散点
拟合直线
相关性系数:
R=0.994
剪应力/MPa
正应力/MPa
3.0
2.5
2.0
1.5
1.0
0.5
0
1
2
3
4
5

(i)

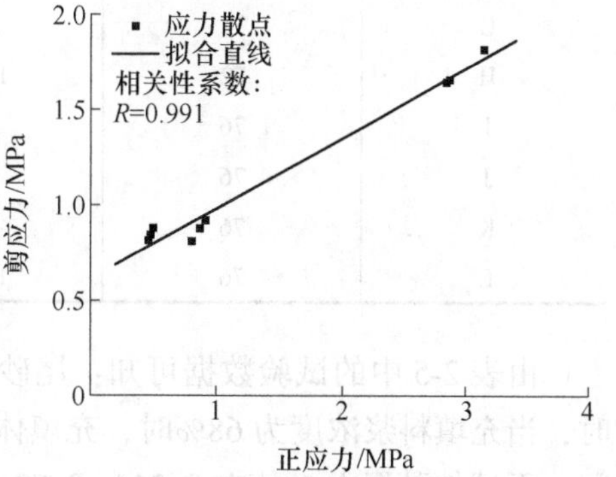

应力散点
拟合直线
相关性系数:
R=0.991
剪应力/MPa
正应力/MPa
2.0
1.5
1.0
0.5
1
2
3
4

(j)

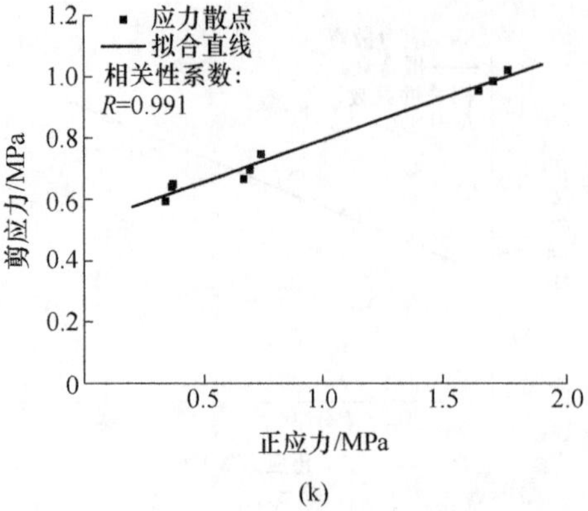

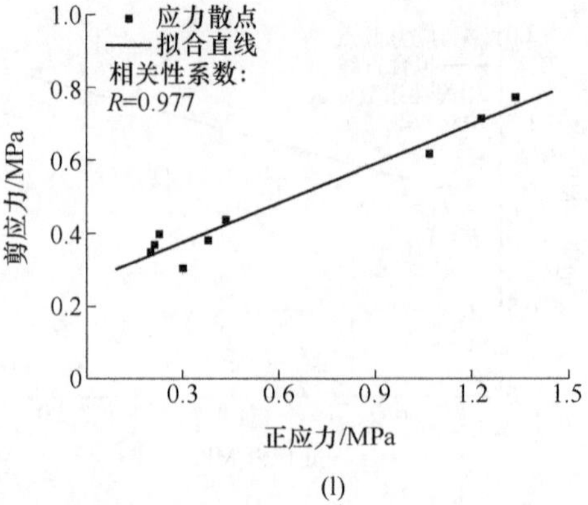

图 2-14　不同料浆浓度和灰砂比充填体计算结果

(a) 浓度 68%灰砂比 1∶4 充填体回归直线；(b) 浓度 68%灰砂比 1∶6 充填体回归直线；
(c) 浓度 68%灰砂比 1∶8 充填体回归直线；(d) 浓度 68%灰砂比 1∶10 充填体回归直线；
(e) 浓度 72%灰砂比 1∶4 充填体回归直线；(f) 浓度 72%灰砂比 1∶6 充填体回归直线；
(g) 浓度 72%灰砂比 1∶8 充填体回归直线；(h) 浓度 72%灰砂比 1∶10 充填体回归直线；
(i) 浓度 76%灰砂比 1∶4 充填体回归直线；(j) 浓度 76%灰砂比 1∶6 充填体回归直线；
(k) 浓度 76%灰砂比 1∶8 充填体回归直线；(l) 浓度 76%灰砂比 1∶10 充填体回归直线

表 2-5　各类充填体黏聚力和内摩擦角计算结果

编号	浓度/%	灰砂比	黏聚力 C/MPa	内摩擦角 φ/(°)
A	68	1∶4	0.721	14.789
B	68	1∶6	0.355	13.849
C	68	1∶8	0.214	10.239
D	68	1∶10	0.155	7.912
E	72	1∶4	1.053	20.626
F	72	1∶6	0.510	18.004
G	72	1∶8	0.380	15.159
H	72	1∶10	0.271	12.323
I	76	1∶4	1.222	25.436
J	76	1∶6	0.610	20.204
K	76	1∶8	0.521	18.163
L	76	1∶10	0.286	14.748

由表 2-5 中的试验数据可知：尾砂胶结充填材料灰砂比在 1∶4~1∶10 之间时，当充填料浆浓度为 68%时，充填体试件内摩擦角 φ 值在 10.239°~14.789°之间，而试件黏聚力 C 值在 0.214~0.721MPa 之间；当充填料浆浓度为 72%时，充填体试件内摩擦角 φ 值在 15.159°~20.626°之间，而试件黏聚力 C 值在 0.380~1.053MPa 之间；当充填料浆浓度为 76%时，充填体试件内摩擦角 φ 值在

18.163°~25.436°之间，而试件黏聚力 C 值在 0.521~1.222MPa 之间。由此可见，充填体试件内摩擦角 φ 值和黏聚力 C 值与灰砂比和料浆浓度的关系十分密切，即灰砂比和料浆浓度越大，内摩擦角 φ 值和黏聚力 C 值也越大。

将试验测得的数据进行处理分析，以剪应力作为纵坐标，正应力作为横坐标进行线性拟合，绘制出正应力、剪应力和不同灰砂比之间的线性回归关系图（见图 2-15）。得到直线斜率的反向正切角即为充填体内摩擦角 φ 值，而直线与纵坐标的截距即为充填体的黏聚力 C 值。

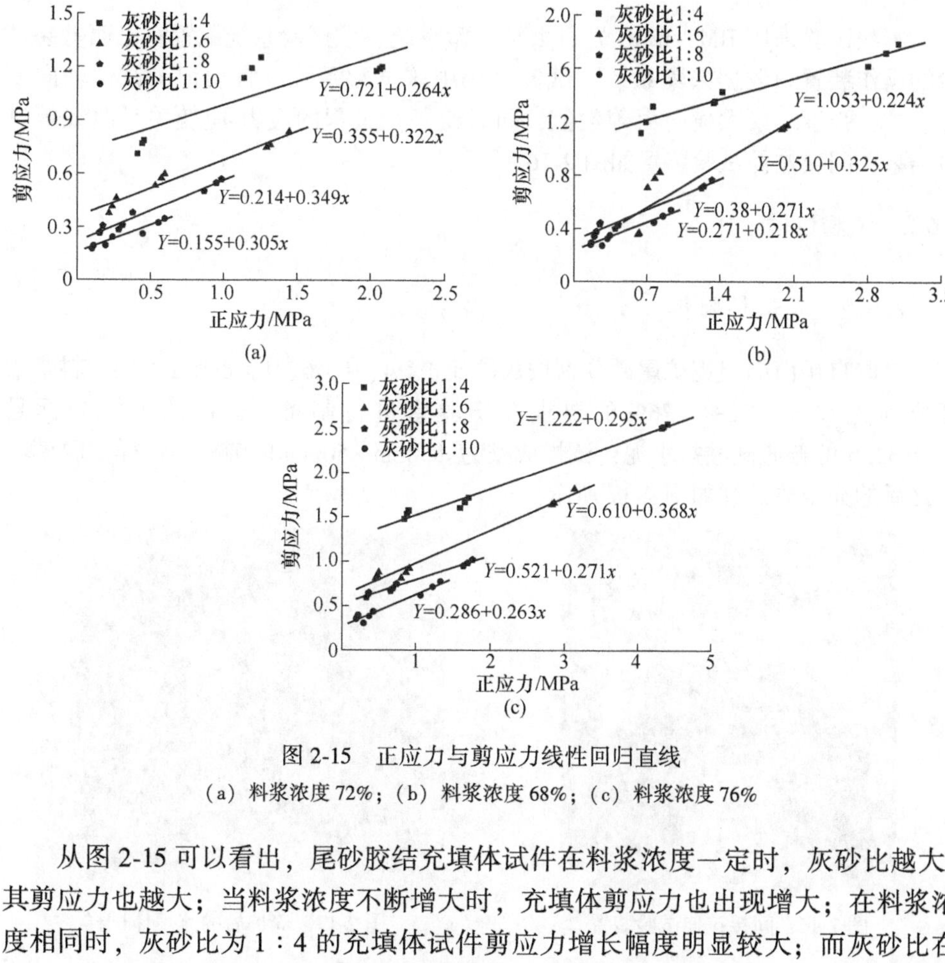

图 2-15 正应力与剪应力线性回归直线

（a）料浆浓度 72%；（b）料浆浓度 68%；（c）料浆浓度 76%

从图 2-15 可以看出，尾砂胶结充填体试件在料浆浓度一定时，灰砂比越大，其剪应力也越大；当料浆浓度不断增大时，充填体剪应力也出现增大；在料浆浓度相同时，灰砂比为 1∶4 的充填体试件剪应力增长幅度明显较大；而灰砂比在 1∶6~1∶10 时，充填体剪应力增长幅度较小。充填料浆浓度和灰砂比对剪应力有很大的影响，即剪应力随料浆浓度和灰砂比的增大而增大。

2.6 尾砂胶结充填体抗拉强度试验

充填体在单轴拉伸载荷作用下达到破坏时所能承受的最大拉应力称为充填体

的单轴抗拉强度。通常所说的抗拉试验是指直接拉伸破坏实验，由于进行直接拉伸实验在准备试件方面要花费大量的人力、物力和时间，因此取而代之的一些间接拉伸试验方法涌现出来，在众多间接试验方法中，最著名、最基本的是巴西劈裂法。该方法在 1978 年被国际岩石力学学会（ISRM）推荐为测定岩石抗拉强度的方法。在国内，很多岩石力学试验机，如 Instron、MTS 和 RMT150 试验机设计了进行巴西劈裂试验的操作装置和数据采集系统。

2.6.1　试验系统

本次试验采用 RMT-150C 岩石力学试验系统，该试验系统配置有巴西劈裂试验的操作装置和数据采集系统。试验过程中该试验系统可自动记录试件轴向变形、抗拉强度、最大横向力等数值，同时绘制全过程的应力-应变关系曲线等试验结果，间接拉伸试验装置如图 2-16 所示。

2.6.2　试验过程

2.6.2.1　试样制备

对取自矿山的钽铌矿尾砂分别按灰砂比 1∶4、1∶6、1∶8 和 1∶10，料浆浓度分别为 68%、72%、76% 的要求在实验室进行制备，选用的水泥为标号 P. O. 32. 5 的普通硅酸盐水泥，试样成型为 ϕ50mm×50mm 的圆柱形试样。脱模养护之后的充填体试样如图 2-17 所示。

图 2-16　间接拉伸试验装置

图 2-17　养护后的充填体试样

2.6.2.2　加载过程

试验采用位移控制加载方式，加载速率为 0.002mm/s，结合相应的控制软件，实验过程中可自动记录试件的最大横向力和最大横向应力等结果，其试验如图 2-18 所示。

图 2-18 充填体抗拉试验

2.6.3 抗拉强度试验结果

充填体抗拉强度计算公式：

$$\sigma_t = \frac{2P}{\pi D h} \tag{2-3}$$

式中 σ_t ——充填体抗拉强度，MPa；

P ——试件破坏载荷，N；

D ——圆柱体试件直径，mm；

h ——圆柱体试件厚度，mm。

充填体抗拉试验结果见表 2-6。

表 2-6 充填体抗拉试验结果

灰砂比	浓度 /%	试件编号	直径 D/mm	厚度 h /mm	拉应力 /MPa	最大横向力 /kN	抗拉强度 σ_t/MPa
1 : 4	68	A13	51. 70	52. 06	0. 254	1. 072	
1 : 4	68	A14	50. 58	51. 88	0. 310	1. 276	0. 317
1 : 4	68	A15	50. 82	51. 46	0. 386	1. 584	
1 : 6	68	B13	49. 76	51. 06	0. 152	0. 606	
1 : 6	68	B14	51. 36	50. 42	0. 127	0. 516	0. 136
1 : 6	68	B15	51. 52	52. 36	0. 128	0. 544	
1 : 8	68	C13	51. 42	50. 18	0. 050	0. 204	
1 : 8	68	C14	51. 42	52. 80	0. 066	0. 282	0. 055
1 : 8	68	C15	51. 72	51. 88	0. 048	0. 202	

续表 2-6

灰砂比	浓度 /%	试件编号	直径 D /mm	厚度 h /mm	拉应力 /MPa	最大横向力 /kN	抗拉强度 σ_t /MPa
1：10	68	D13	49.58	51.58	0.032	0.128	
1：10	68	D14	51.48	52.44	0.025	0.108	0.028
1：10	68	D15	49.52	52.36	0.028	0.112	
1：4	72	E13	51.72	52.56	0.387	1.652	
1：4	72	E14	52.04	52.68	0.403	1.734	0.402
1：4	72	E15	51.92	50.90	0.415	1.722	
1：6	72	F13	52.90	53.00	0.144	0.632	
1：6	72	F14	49.94	51.16	0.181	0.728	0.170
1：6	72	F15	51.70	52.06	0.186	0.784	
1：8	72	G13	49.72	50.92	0.074	0.296	
1：8	72	G14	51.64	51.20	0.078	0.324	0.073
1：8	72	G15	51.92	52.00	0.068	0.290	
1：10	72	H13	49.52	51.90	0.041	0.164	
1：10	72	H14	50.70	51.16	0.045	0.182	0.040
1：10	72	H15	51.36	50.70	0.035	0.144	
1：4	76	I13	50.72	51.82	0.509	2.102	
1：4	76	I14	51.40	49.36	0.469	1.870	0.508
1：4	76	I15	49.64	51.26	0.547	2.184	
1：6	76	J13	51.40	52.60	0.186	0.788	
1：6	76	J14	51.26	52.28	0.187	0.788	0.194
1：6	76	J15	51.68	51.06	0.210	0.870	
1：8	76	K13	51.88	53.40	0.094	0.408	
1：8	76	K14	51.68	52.32	0.080	0.338	0.093
1：8	76	K15	51.72	52.70	0.105	0.448	
1：10	76	L13	51.46	52.10	0.050	0.210	
1：10	76	L14	51.42	52.58	0.045	0.192	0.050
1：10	76	L15	51.48	50.18	0.056	0.200	

2.6.4　抗拉强度试验结果分析

根据试验得出的尾砂胶结充填体抗拉破坏的应力-应变曲线（见图 2-19）可知，其劈裂破坏过程大致可以分为三个阶段：

（1）加载初期阶段。如图 2-19 所示的 0A 阶段，应力-应变曲线在该阶段出现略微的“下凹”，主要是由于加载初期，充填体内部的原生裂纹和孔隙被挤压密实，但与单轴抗压不同的是，曲线下凹幅度更小，横向变形更小。

（2）线弹性阶段。如图 2-19 所示的 AB 阶段，该阶段与抗压过程一样，试件内部结构面进一步挤压密实，当应力增长到一定的程度时，现有的累计应变能尚未足够使之产生新的裂纹，应力-应变曲线近似成直线。

（3）塑性屈服及破坏阶段。如图 2-19 所示的 BC 阶段，该阶段与抗压过程有较大的区别，塑性屈服阶段并没有明显的上凸下凹阶段，当应力增加到峰值点时，试件基本从中间劈裂破坏，室内试验也观察到在未达到应力峰值点时，试件并未出现宏观的裂隙，而一旦到达其峰值点时，其破坏表现得极为突然，基本属于脆性破坏。该阶段试件基本从中间劈裂破坏，但由于试件其他部位并未出现明显的损伤破坏，所以还存在一定的残余应力。

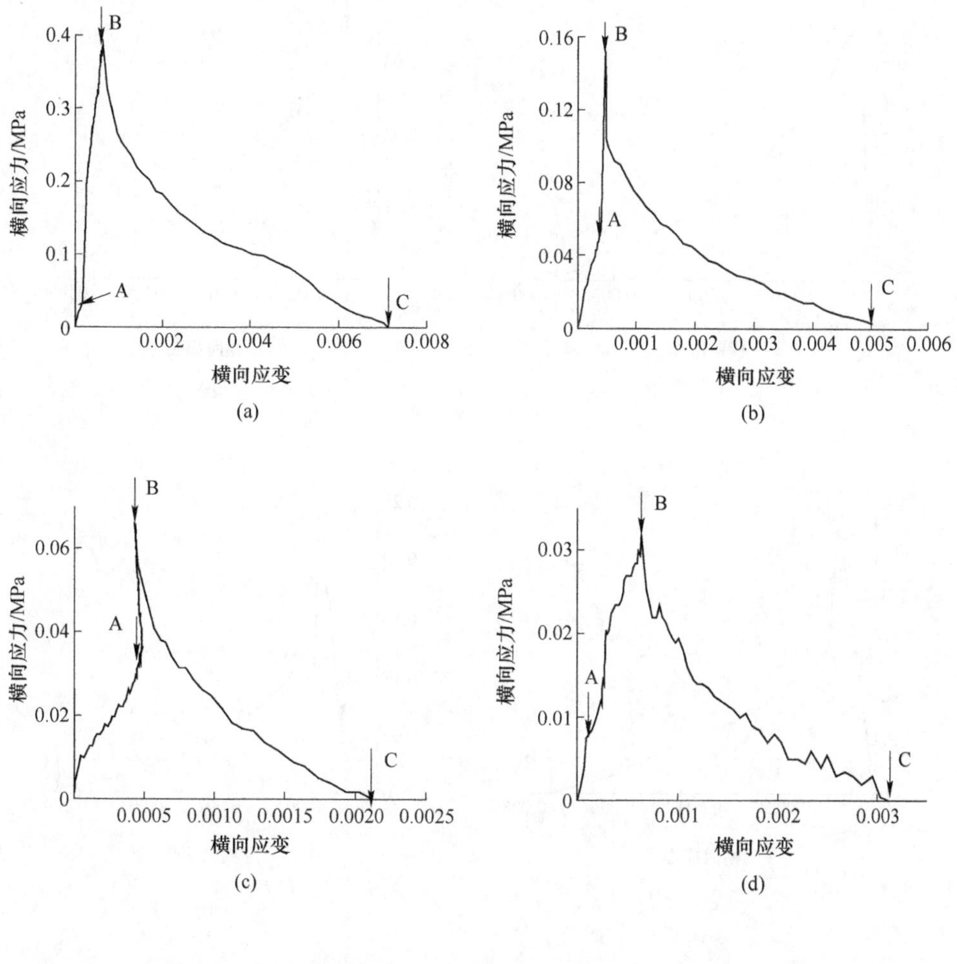

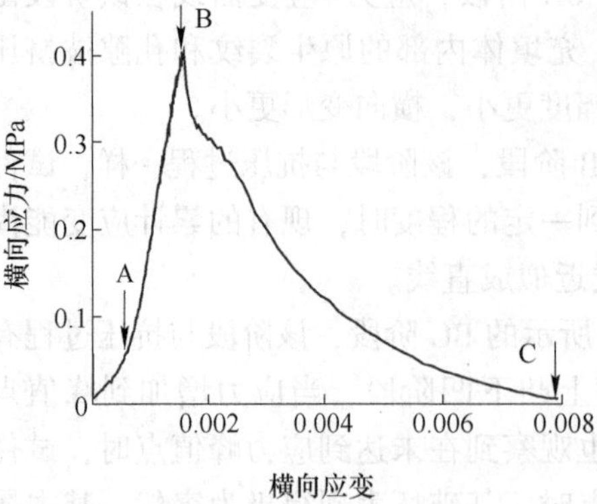
B
A
C
0.4
0.3
0.2
0.1
0
0.002
0.004
0.006
0.008
横向应力/MPa
横向应变

(e)

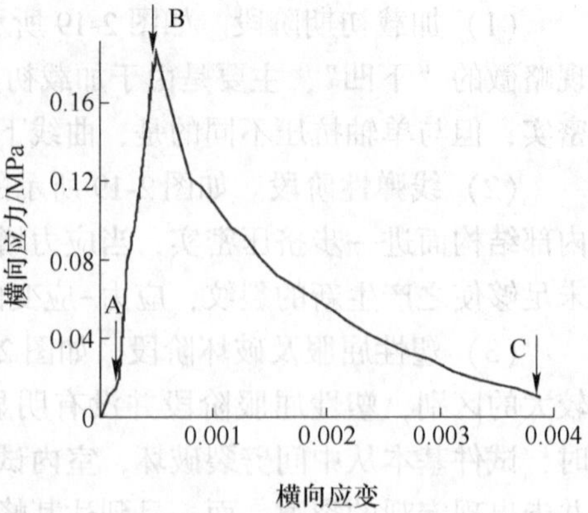
B
A
C
0.16
0.12
0.08
0.04
0
0.001
0.002
0.003
0.004
横向应力/MPa
横向应变

(f)

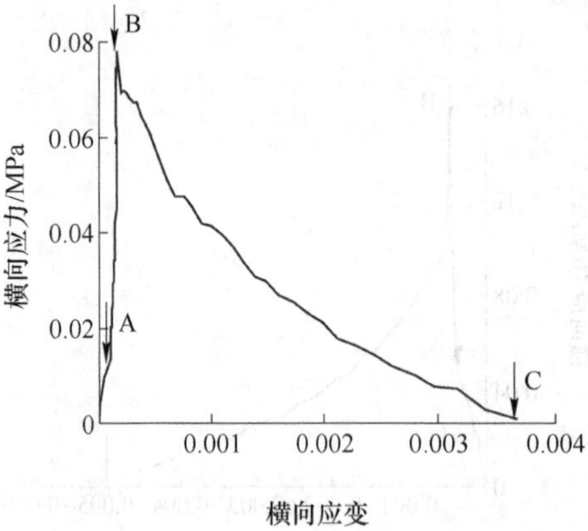
B
A
C
0.08
0.06
0.04
0.02
0
0.001
0.002
0.003
0.004
横向应力/MPa
横向应变

(g)

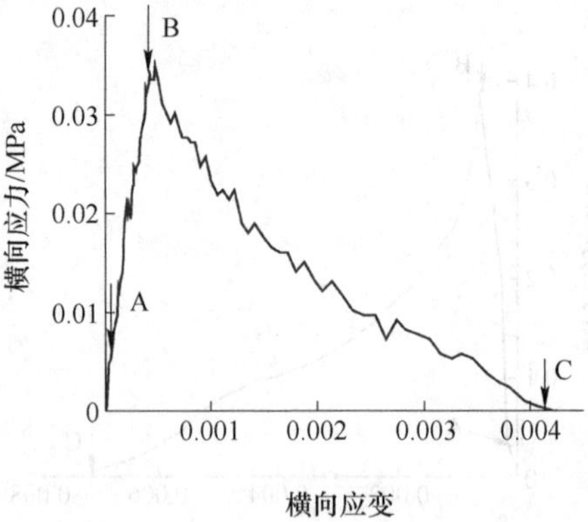
B
A
C
0.04
0.03
0.02
0.01
0
0.001
0.002
0.003
0.004
横向应力/MPa
横向应变

(h)

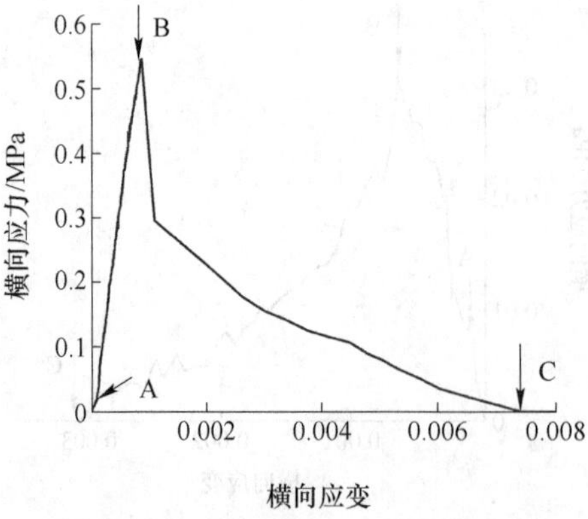
B
A
C
0.6
0.5
0.4
0.3
0.2
0.1
0
0.002
0.004
0.006
0.008
横向应力/MPa
横向应变

(i)

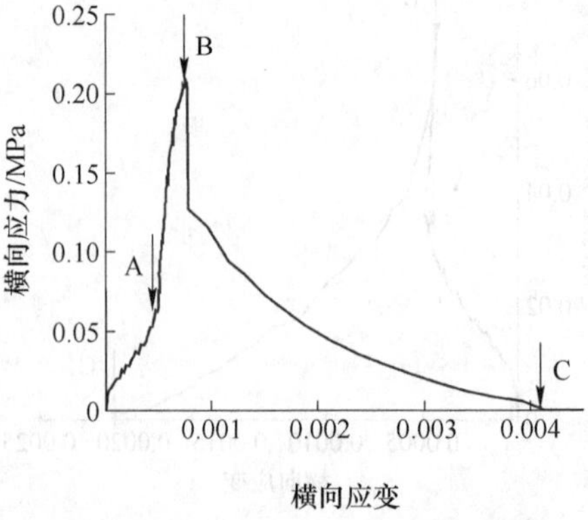
B
A
C
0.25
0.20
0.15
0.10
0.05
0
0.001
0.002
0.003
0.004
横向应力/MPa
横向应变

(j)

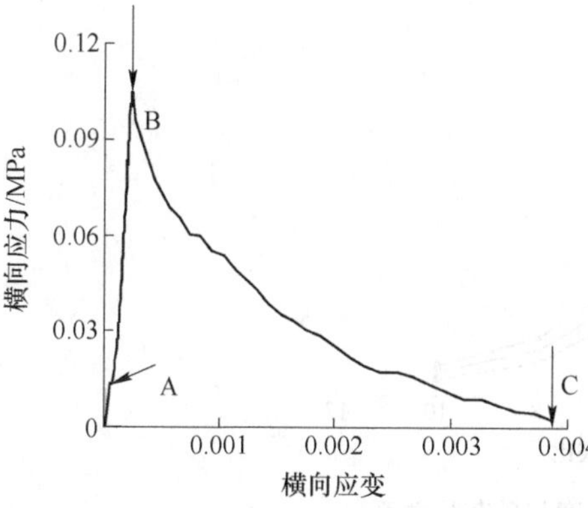

(k)

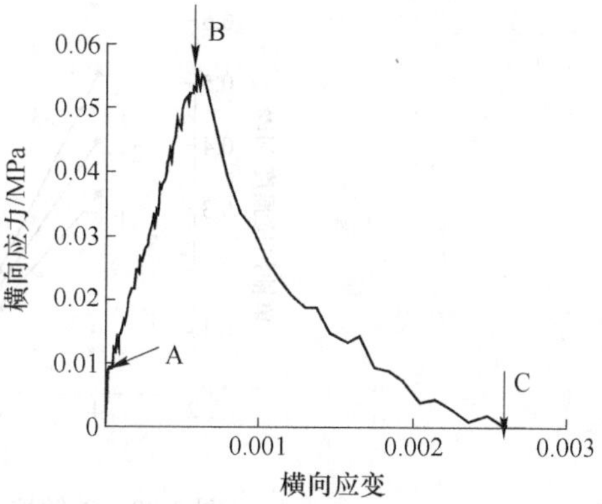

(l)

图 2-19 不同灰砂比和料浆浓度充填体劈裂破坏应力-应变曲线

(a) 浓度 68%灰砂比 1∶4 充填体劈裂破坏应力-应变曲线;
(b) 浓度 68%灰砂比 1∶6 充填体劈裂破坏应力-应变曲线;
(c) 浓度 68%灰砂比 1∶8 充填体劈裂破坏应力-应变曲线;
(d) 浓度 68%灰砂比 1∶10 充填体劈裂破坏应力-应变曲线;
(e) 浓度 72%灰砂比 1∶4 充填体劈裂破坏应力-应变曲线;
(f) 浓度 72%灰砂比 1∶6 充填体劈裂破坏应力-应变曲线;
(g) 浓度 72%灰砂比 1∶8 充填体劈裂破坏应力-应变曲线;
(h) 浓度 72%灰砂比 1∶10 充填体劈裂破坏应力-应变曲线;
(i) 浓度 76%灰砂比 1∶4 充填体劈裂破坏应力-应变曲线;
(j) 浓度 76%灰砂比 1∶6 充填体劈裂破坏应力-应变曲线;
(k) 浓度 76%灰砂比 1∶8 充填体劈裂破坏应力-应变曲线;
(l) 浓度 76%灰砂比 1∶10 充填体劈裂破坏应力-应变曲线

单轴抗拉强度与砂灰比的关系如图 2-20 所示，从表 2-6 和图 2-20 可以看出，尾砂胶结充填体在料浆浓度一定时，其单轴抗拉强度随砂灰比的增大而减小，并且抗拉强度由开始快速减小转为缓慢地减小。从图 2-20 中曲线可知，充填体砂灰比在 4∶1 和 6∶1 时，曲线最为陡峭，说明在此区间内充填体单轴抗拉强度下降得更快，当料浆浓度越大，其抗拉强度减小的幅度越明显，砂灰比为 6∶1 是分界点，当砂灰比大于 6∶1 时，抗拉强度减小的幅度较小。当砂灰比一定时，充填体单轴抗拉强度随料浆浓度的增大而减小，其抗拉强度的下降幅度也随着料浆浓度的增大而减小。说明充填体砂灰比越小，对其抗拉强度的影响越大；充填体砂灰比越大，对其抗拉强度的影响越小。料浆浓度和砂灰比作为影响充填体单轴抗拉强度的主要因素，其中砂灰比比料浆浓度对充填体抗拉强度的影响更大，尤其是砂灰比为 4~6、料浆浓度为 72%~76%时，其抗拉强度为 0.232~0.314MPa，减少了 0.082MPa。通过对比分析表明：料浆浓度与砂灰比对充填体的单轴抗拉强度均有很大的影响，且料浆浓度越大砂灰比越小，对充填体抗拉强度影响越明显。

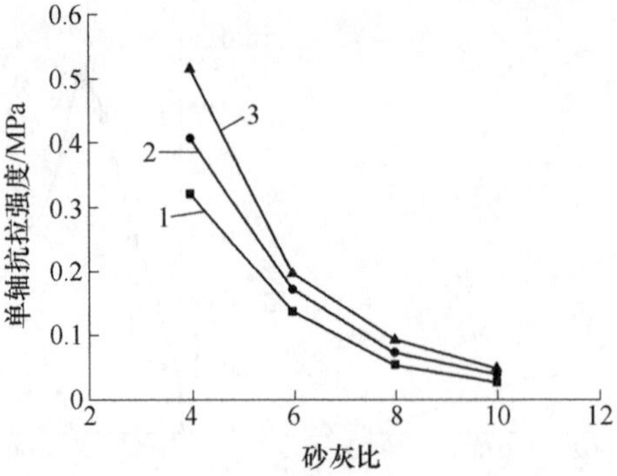

图 2-20　单轴抗拉强度与砂灰比关系

1—料浆浓度 68%；2—料浆浓度 72%；3—料浆浓度 76%

2.6.5　抗拉强度试验破坏模式

由应力-应变曲线及试件破坏形态可知，料浆浓度为 68%、72%和 76%的充填体的破坏形式大体上是一致的，都是沿着试件轴心贯穿整个试件“对称式”劈裂破坏，如图 2-21 所示。

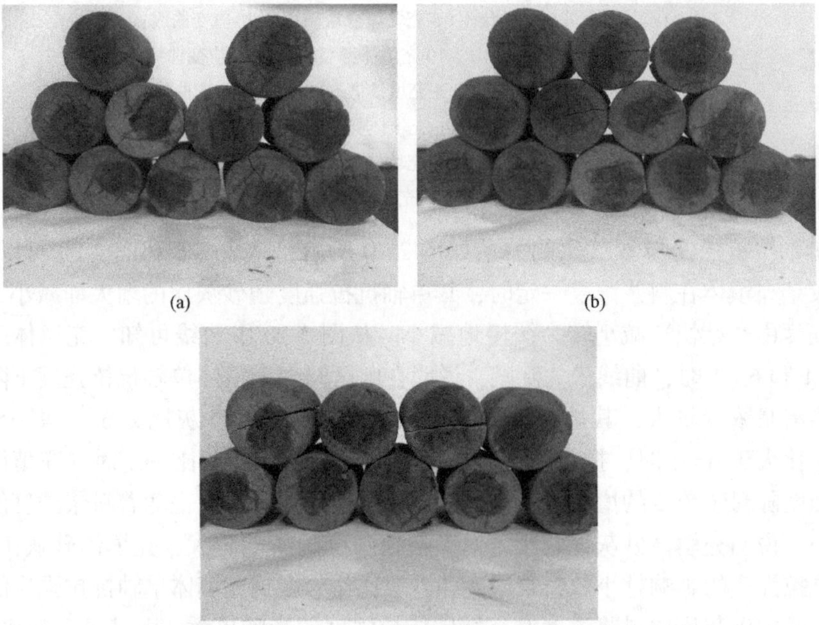

(a)　(b)　(c)

图 2-21　不同料浆浓度的充填体试件劈裂破坏模式

（a）68%试件劈裂破坏模式：中间对称劈裂；（b）72%试件劈裂破坏模式：中间对称劈裂；（c）76%试件劈裂破坏模式：中间对称劈裂

通过前述对不同灰砂比和料浆浓度的钽铌矿尾砂胶结充填体开展单轴压缩、剪切和抗拉系列试验，对试验数据进行处理和分析，总结归纳以下几点规律：

（1）对不同灰砂比和料浆浓度的钽铌矿充填体试样进行单轴压缩变形试验，获取了充填体的单轴抗压强度、弹性模量以及泊松比等基本物理力学参数。充填体的强度试验结果表明，料浆浓度和灰砂比对充填体的强度有明显的影响作用，即料浆浓度和灰砂比越大，充填体的抗压强度和弹性模量也随着增大，且灰砂比相对于料浆浓度来说其对充填体强度的影响更显著。而泊松比随料浆浓度和灰砂比的增大而减小。

（2）通过抗剪强度试验获取了黏聚力和内摩擦角等基础数据。从本次抗剪强度试验获得的黏聚力和内摩擦角物理力学参数可知，随着充填体料浆浓度和灰砂比的增大，充填体的黏聚力和内摩擦角也随之增大，即充填体的内摩擦角和黏聚力与料浆浓度、灰砂比成正比例相关。

（3）通过对不同灰砂比和料浆浓度尾砂胶结充填体的抗拉强度试验，不同料浆浓度和灰砂比的充填体变形阶段都可划分为三个阶段：1）加载初期阶段；2）线弹性阶段；3）塑性屈服及破坏阶段。充填体破坏主要以沿着轴心贯穿整个试件“对称式”劈裂破坏。破坏特征分析表明：初始压密阶段，料浆浓度越小，初始压密阶段过程越明显；弹性变形阶段，应力-应变曲线接近为直线，其中料浆浓度越大，弹性阶段曲线的斜率（弹性模量）越大；屈服阶段，浓度越大，单轴抗拉强度越大，其塑性不可逆的变形过程越明显；破坏阶段，料浆浓度越大，其残余强度越大。通过对充填体试件抗拉强度的应力-应变曲线过程可以看出，在外载荷超出充填体试件的峰值载荷后，充填体试件迅速失去承载能力，并在中心处出现和加载方向平行的一条大裂纹，充填体的抗拉强度与充填体的致密性以及空隙率都有很大的关系。在拉伸作用下，充填体完全表现为一种脆性破坏。

（4）由试验得到的数据可知，充填体的抗压强度比抗拉强度大得多，是相同灰砂比和料浆浓度抗拉强度的 8~17 倍，可见尾砂胶结充填体抗拉伸能力很弱。因此，在矿山工程中要尽可能地避免充填体中产生拉应力集中的现象。

（5）由本部分得到的基本物理力学参数，可为该矿山降低充填成本及优选出最佳充填配比方案提供理论指导；亦可使矿山达到有效管理采区与综合利用矿产资源的目的。

参 考 文 献

［1］赵康，鄢化彪，冯萧，等. 基于能量法的矿柱稳定性分析［J］. 力学学报，2016，48

(4): 976-983.

[2] 刘军，崔云鹏，杨元全，等. 粉煤灰泡沫混凝土力学性能的研究 [J]. 材料导报，2014, 28 (4): 139-142.

[3] 赵国彦，马举，彭康，等. 基于响应面法的高寒矿山充填配比优化 [J]. 北京科技大学学报，2013 (5): 559-565.

[4] 徐淼斐，高永涛，金爱兵，等. 基于超声波波速及 BP 神经网络的胶结充填体强度预测 [J]. 工程科学学报，2016 (8): 1059-1068.

[5] 王勇，吴爱祥，王洪江，等. 初始温度条件下全尾胶结膏体损伤本构模型 [J]. 工程科学学报，2017 (1): 34-41.

[6] 陈磊，李京. 高浓度胶结充填体强度影响因素试验研究 [J]. 煤矿安全，2016, 47 (3): 41-43.

[7] 戴兴国，方鑫，陈增剑，等. 良山铁矿全尾砂胶结充填参数的合理选择 [J]. 黄金科学技术，2015, 23 (1): 74-79.

[8] 付建新，杜翠凤，宋卫东. 全尾砂胶结充填体的强度敏感性及破坏机制 [J]. 北京科技大学学报，2014 (9): 1149-1157.

[9] 孙光华，魏莎莎，苏东良. 基于正交试验的全尾砂胶结充填配比方案优化 [J]. 金属矿山，2015 (4): 111-113.

[10] Kang Zhao, Qiang Li, Yajing Yan, et al. Numerical calculation analysis of structural stability of cemented fill in different lime-sand ratio and concentration conditions [J]. Advances in Civil Engineering, 2018: 1-9.

[11] 赵康，朱胜唐，周科平，等. 钽铌矿尾砂胶结充填体力学特性及损伤规律研究 [J]. 采矿与安全工程学报，2019, 36 (2): 585-591.

3 钽铌矿尾砂胶结充填体声发射试验

掌握钽铌矿尾砂胶结充填体发生失稳破坏时的声发射（AE）特征，是使用声发射（AE）技术的基本要素[1,2]，也是矿山在应用声发射（AE）技术对地下采场进行有效安全监测的重要前提[3]。然而在实际工程中采场充填环境较为复杂，对于充填体强度也会提出各种不同的要求。基于此，本章将对不同灰砂比和不同料浆浓度的钽铌矿尾砂胶结充填体进行系列的单轴压缩和劈裂破坏声发射（AE）试验，从而获取大量有价值的试验数据，为研究钽铌矿尾砂作为充填体材料的声发射（AE）特性和损伤规律提供重要基础参数。

3.1 尾砂胶结充填体声发射试验方案

3.1.1 试验设备

在钽铌矿尾砂胶结充填体声发射试验中，将借助 RMT-150C 型岩石力学控制系统和 PCI-2 型声发射测试系统两套设备共同完成。试验时，加载系统和声发射系统的性能对试验中得到数据的精度及可靠度有极为重要的影响，本试验所使用的两套设备足够满足对充填体试件 AE 特性方面的研究工作。

此次试验中声发射检测系统是使用 PAC 公司新研制的用于高端声发射研究的检测系统（见图 3-1），该系统能同步采集幅值、能量、振铃计数以及上升计数

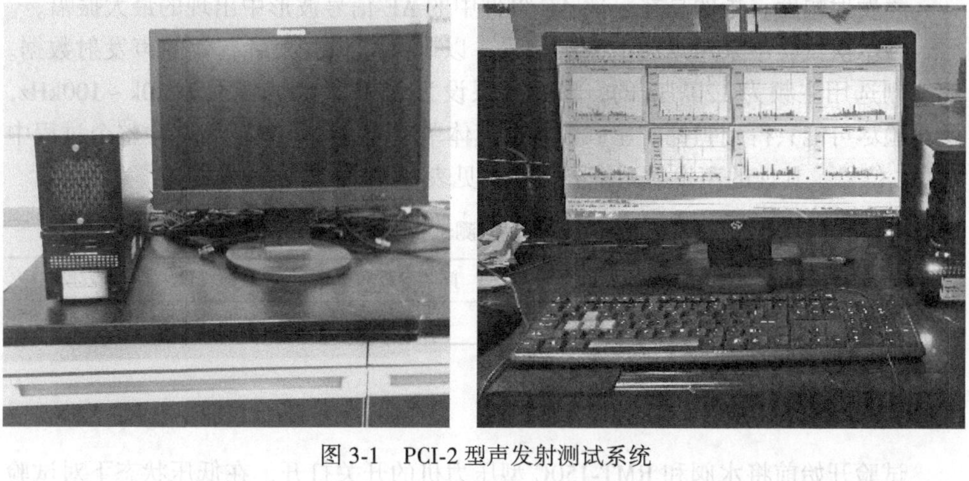

图 3-1　PCI-2 型声发射测试系统

等各种 AE 特征参数，并可实现波形图、参数表、相关图等多视图同时显示。同时，还能利用小波、FFT 等现代波形分析法来提取波形的信号特征，也可用人工神经网络等技术对波形信号模式进行有效地识别。此外，该 PCI-2 型声发射测试系统还具有灵敏度高、存储数据量大及抗噪声能力强等优点，该系统能很好地满足试验要求。因此，本次试验将借助 PCI-2 型号 AE 检测系统来检测钽铌矿尾砂胶结充填体 AE 信号。

3.1.2 测试系统参数设置

声发射测试系统的参数设置在整个试验过程中有着不可忽视的重要作用，是决定试验成败的因素之一，能直接影响到试验中声发射数据的可靠性。下面将详细阐述 AE 检测系统参数及其设置方法。

门槛值：在进行声发射试验时，为了达到试验的某种特定要求而设定的一个数值，这个数值被称为门槛值。如果在试验过程中声发射测试系统采集到了某个声发射信号，则表明这个信号的强度高于已设定的门槛值，其单位是分贝（dB）。

声发射撞击计数：某一任意的声发射信号超过设定的门槛值时，并且被声发射检测系统采集，那么就将这一类活动信号称为撞击。

声发射振铃计数：指的是振铃脉冲超过门槛信号时所激发传感器振荡的次数。

声发射事件率：是指单位时间内 AE 监测器接收到的撞击信号计数，也即单位时间 AE 事件的总数。它可以用来表征声发射活动的频度。

累计声发射事件数：指的是某段时间内产生的 AE 事件的总和，也即某一特定的时间内接收到的撞击信号计数。它能够用来表征声发射活动的总量。

声发射能率：是指单位时间内声发射信号的能量，也即 AE 事件信号检波包络线下面积。

声发射幅度：指的是在一次 AE 事件中的 AE 信号波形中出现的最大振幅。

在本次试验中采用双通道采集信号，以确保能获取大量有效的声发射数据。探头则选用主频为 120kHz 的，参数门限设为 35dB、滤波器设为 20k～100kHz，使试验尽可能只得到钽铌矿尾砂胶结充填体单轴压缩和劈裂破坏试验整个过程中的 AE 信号。其他的声发射系统参数设置见表 3-1。

表 3-1 声发射测试系统参数

采样频率/kHz	波形门限/dB	前放增益/dB	间隔参数/μs	采样点数/kHz	触发模式
1000	35	35	50	2048	内触发

3.1.3 试验过程

试验开始前将水阀和 RMT-150C 型压力机的开关打开，在低压状态下对试验设备做必要的预热准备工作，时间为15min左右，待机器预热结束后，再切换到高压状态。按照图3-2所示，连接好试验中所需仪器设备。打开电脑将其与声发射仪相连接，并按照以上要求设置好RMT-150C型压力机和AE检测系统的相关参数，将声发射探头与充填体试件接触的位置上涂抹适量黄油，以确保试件和探头的接触面能够充分耦合，最后用橡皮条把AE探头固定在充填体试件上。

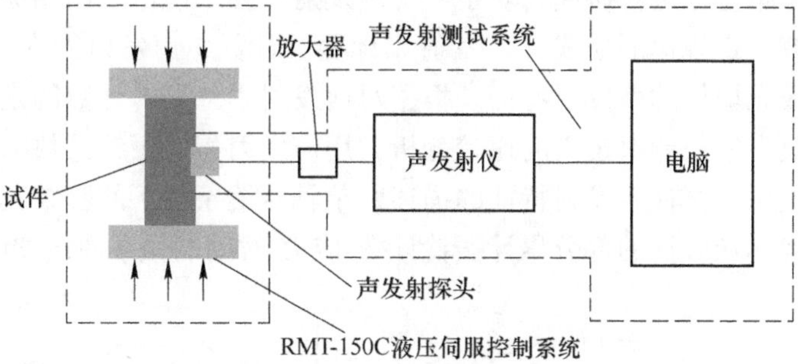

图3-2 试验设备的连接

接下来进行声发射信号的试采集，检查声发射系统对声发射信号的发射和采集是否处于正常状态，若确定检查结果正常，则轻轻敲击试件附近，观察声发射仪采集到的数据是否符合实际情况，确认采集的AE信号正常无误后，进入试验预加载环节，待预加载结束后，则再次轻敲充填体试件的表面，观察AE现象是否正常，待确认整个试验设备运行正常后，由操作加载系统的工作人员统一发出指令，确保两套试验系统能同时开始试验。在整个实验过程中，使用相机进行拍照，记录下充填体试件失稳破坏的特征。在实验结束后，将声发射系统和加载系统关闭，并保存好实验中得到的原始数据。试验过程如图3-3所示。

(a) (b)

图3-3 声发射试验

（a）单轴压缩声发射试验；（b）劈裂破坏声发射试验

3.2　尾砂胶结充填体声发射发展历程

通过室内单轴压缩条件下（本章初步以单轴压缩试验为例简要分析充填体声发射的过程，单轴压缩和劈裂试验充填体的声发射特性详细介绍将在第 4 章阐述）尾砂胶结充填体声发射特性试验，可以对试样的变形破坏特征、试验全过程中的声发射分布特性进行研究。对于一个声发射序列来说，采用相关统计的方法可以得到具有一定规律的曲线（声发射累计振铃计数、声发射能率等），用来描述某类岩石或充填体的声发射特征。根据对声发射累计振铃计数的定义、声发射活动原理以及声发射能率定义的比较分析，用声发射累计振铃计数与应力就可以满足对单轴抗压下试件声发射特征的描述。单轴压缩条件下的胶结充填体声发射不同料浆浓度和灰砂比的部分累计振铃计数-应力-时间的关系曲线如图 3-4 所示。

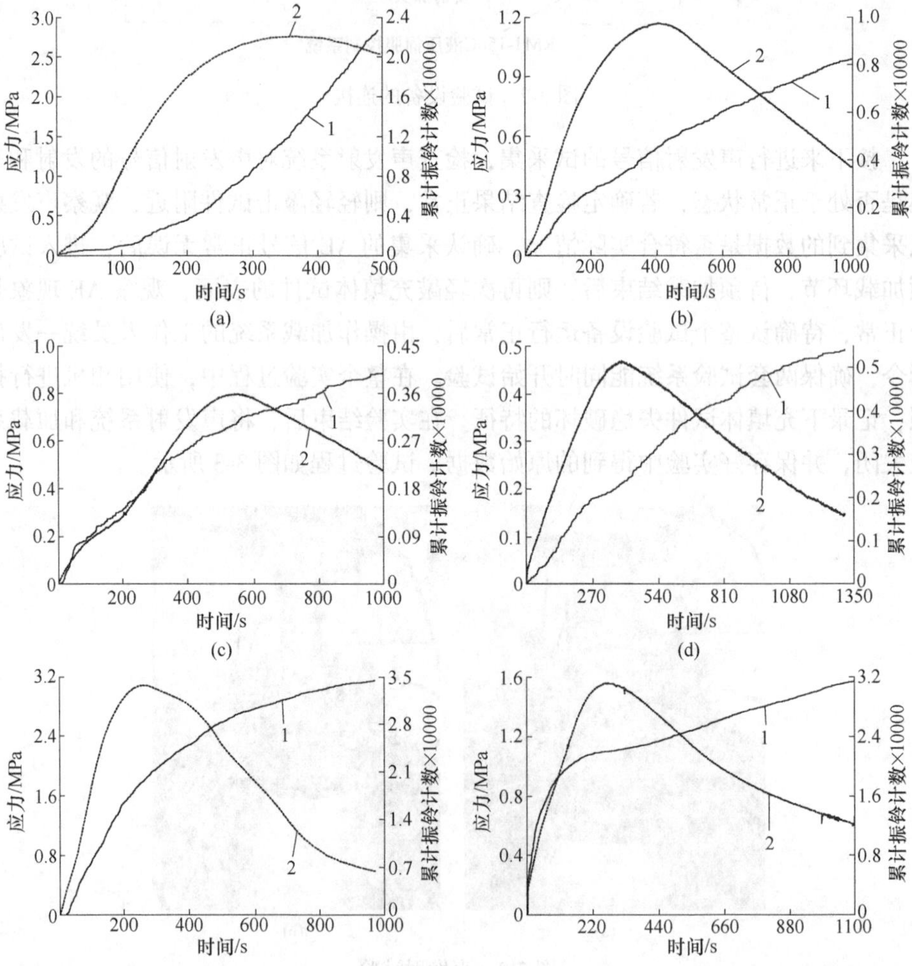

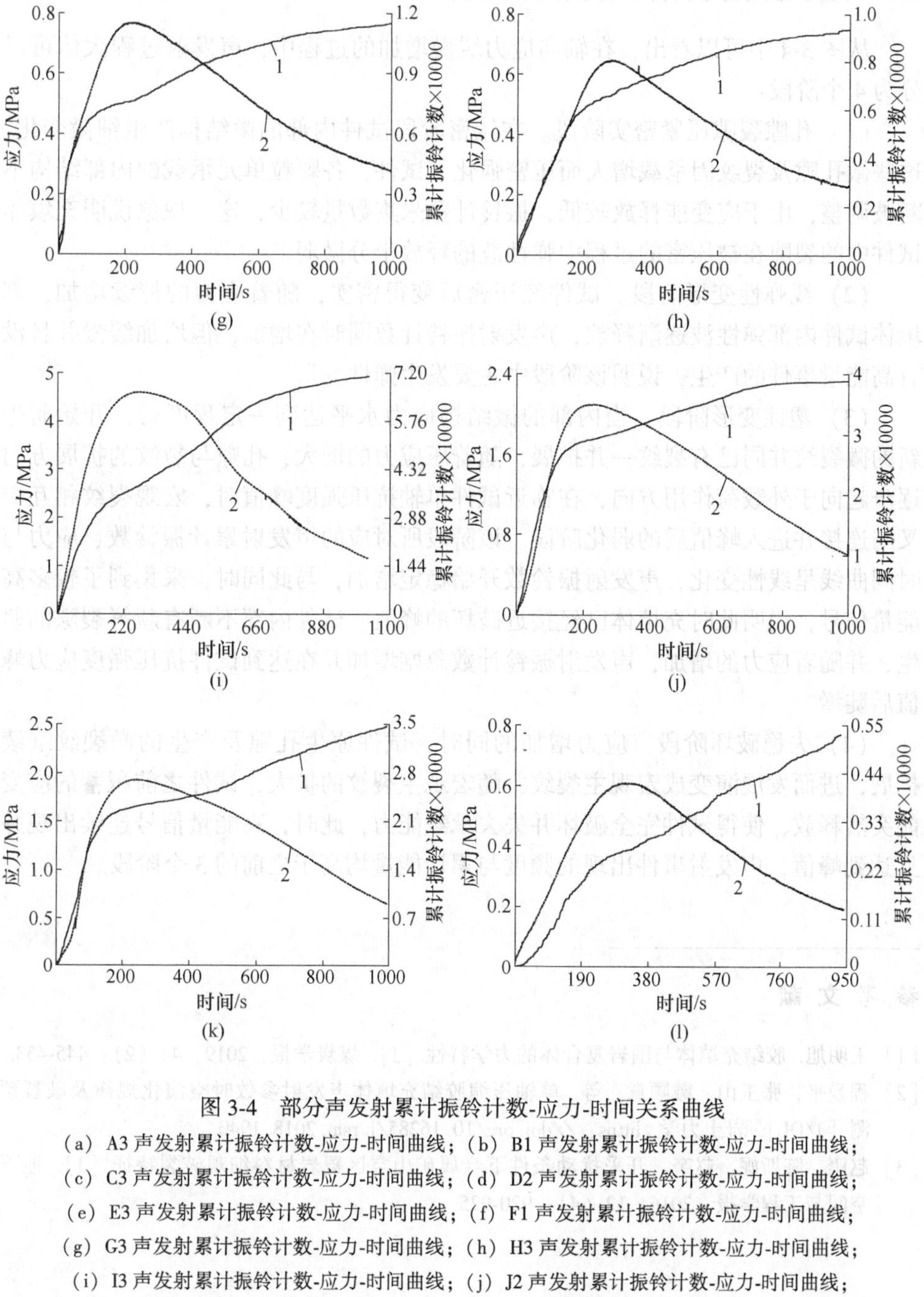

图 3-4 部分声发射累计振铃计数-应力-时间关系曲线

（a）A3 声发射累计振铃计数-应力-时间曲线；（b）B1 声发射累计振铃计数-应力-时间曲线；
（c）C3 声发射累计振铃计数-应力-时间曲线；（d）D2 声发射累计振铃计数-应力-时间曲线；
（e）E3 声发射累计振铃计数-应力-时间曲线；（f）F1 声发射累计振铃计数-应力-时间曲线；
（g）G3 声发射累计振铃计数-应力-时间曲线；（h）H3 声发射累计振铃计数-应力-时间曲线；
（i）I3 声发射累计振铃计数-应力-时间曲线；（j）J2 声发射累计振铃计数-应力-时间曲线；
（k）K2 声发射累计振铃计数-应力-时间曲线；（l）L3 声发射累计振铃计数-应力-时间曲线

1—累计振铃计数；2—应力曲线

3.3 尾砂胶结充填体声发射发展阶段

从图 3-4 中可以看出，在轴向应力缓慢增加的过程中，声发射过程大体可以分为 4 个阶段：

（1）孔隙裂隙压紧密实阶段。在压密阶段试件内部的微结构产生细微变化，这些微孔隙及裂纹因承载增大而压密强化了试件，各颗粒单元承载的内部结构不断被调整，由于应变能释放较低，振铃计数采集数量较少，这一现象说明充填体试件中的裂隙在被压密的过程中弹性波的释放十分微弱。

（2）线弹性变形阶段。试件经压密后变得密实，随着应力的持续增加，充填体试件内部弹性波逐渐释放，声发射振铃计数同时在增加，但增加缓慢并且没有高能量事件的产生，说明该阶段中主要发生弹性变形。

（3）塑性变形阶段。当内部的微结构应力水平达到一定程度时，开始萌生新的微裂纹并同已有裂纹一并扩展，随着压应力的增大，孔隙与裂纹的扩展方向逐步趋向于外载荷作用方向，在临近试件单轴抗压强度峰值时，宏观裂纹相互交叉与连接并进入峰值后的弱化阶段。该阶段所对应的声发射累计振铃数、应力与时间曲线呈线性变化，声发射振铃数开始稳定增加，与此同时，采集到了较多高能量信号，说明此时充填体已经接近破坏的峰值，试件内部不断有新鲜裂隙的萌生，并随着应力的增加，声发射振铃计数急剧增加并在达到试件抗压强度应力峰值后陡增。

（4）失稳破坏阶段。应力增加的同时，试件原生孔隙及产生的微裂纹继续扩展，进而发展演变成宏观主裂纹，随宏观主裂纹的扩大，试件之前积蓄的应变能突然释放，使得试件完全破坏并失去承载能力，此时，高能量信号连续出现并且达到峰值，声发射事件出现的频度与累计能量均高于之前的 3 个阶段。

参 考 文 献

[1] 王明旭. 胶结充填体与围岩复合体的力学特性［J］. 煤炭学报，2019，44（2）：445-453.

[2] 程爱平，张玉山，戴顺意，等. 单轴压缩胶结充填体声发射参数时空演化规律及破裂预测［J/OL］. 岩土力学 . https：//doi. org/10. 16285/j. rsm. 2018. 1940.

[3] 赵康，陈斯妮，赵奎 . 开采扰动条件下金属矿山空区覆岩材料细观破裂特征［J］. 地下空间与工程学报，2016，12（4）：920-925.

4 单轴压缩与劈裂试验下尾砂胶结充填体声发射特性

为更好地将声发射技术运用在金属矿山的现场监测，对充填体在变形破坏过程中的声发射特性规律进行分析是十分必要的。由于采场在进行回采时期，大面积的充填区域会暴露成为充填顶板，而此时充填体内部会形成拉、压交错变化较为复杂的应力区[1,2]。基于此，本章在借鉴对岩石声发射特性研究的基础上[3~5]，并借助岩石力学试验系统与声发射监测系统，通过室内单轴压缩和巴西劈裂声发射试验，对钽铌矿尾砂胶结充填体声发射特性进行研究。通过分析充填体试件在整个加载试验过程中的声发射活动规律及其失稳破坏特征，可为充填体变形、破坏提出合理的前兆判据，同时对现场充填体稳定性的声发射监测等都具有现实指导意义。结合该矿山在实际生产中选用的充填体灰砂比的要求，本次试验将对四种灰砂比分别为 1∶4、1∶6、1∶8 和 1∶10 的充填体试件进行声发射特性研究。

4.1 单轴压缩与劈裂试验下尾砂胶结充填体变形特性

4.1.1 单轴压缩下尾砂胶结充填体破坏过程

四种灰砂比不同的钽铌矿尾砂胶结充填体试件，在相同的料浆浓度及加载方式下的失稳破坏特性存在着一定的差异，各灰砂比的充填体试件在压缩条件下的应力-应变关系曲线如图 4-1 所示。

由图 4-1 充填体试件应力-应变特性曲线变化特点可知，在试件加载初始阶段，灰砂比为 1∶4、1∶8 和 1∶10 的充填体试件由于其内部较大的孔隙裂隙被压紧密实均出现了“上凹期”的趋势，其特征与岩石的力学性能较为相似，这一时段应力增大的速率小于应变增大的速率，而灰砂比为 1∶6 的充填体试件则出现了较为短暂的“上凸期”趋势（出现此现象的机理将在第 4.2.2 节中详细阐述）。随着充填体试件灰砂比的减小，大体上应力速率增大的幅度要小于应变增大的速率，灰砂比越大的充填体试件在初始压密阶段经历的时间越短，其原因是灰砂比大的试件中胶结剂水泥用量较大，整个充填体试件的胶结效果更好，导致试件内部结构的孔隙减少，从而使得试件抗压强度增大而发生的变形量减小。之后随着应变逐渐增大，灰砂比为 1∶4、1∶8 和 1∶10 的充填体试件进入弹性阶段，此阶段应力增大的速率开始缓慢地大于应变增大的速度，并随着应变进一步的增加，应力增大的幅度也越来越大，而在这一阶段灰砂比的大小对充填体试件变形量没有太大的影响，灰砂比为1：6的充填体试件则是由“上凸期”向“上凹期”趋势转变，与其他三种充填体试件在初始阶段的变形特性相似，随着应变的增大也进入到弹性阶段。在充填体试件达到屈服阶段时，几乎所有试件的应力增速开始有所减慢，而应变增加的速率有所变大。从图4-1可以看出，灰砂比较大的充填体试件，在应力接近峰值时，试件破坏形式更接近脆性破坏，接近破坏时所积累的应变能也更大，充填体试件在峰值应力破坏之前的这种应力-应变关系曲线可以表征此类材料属于塑-弹-塑性体。

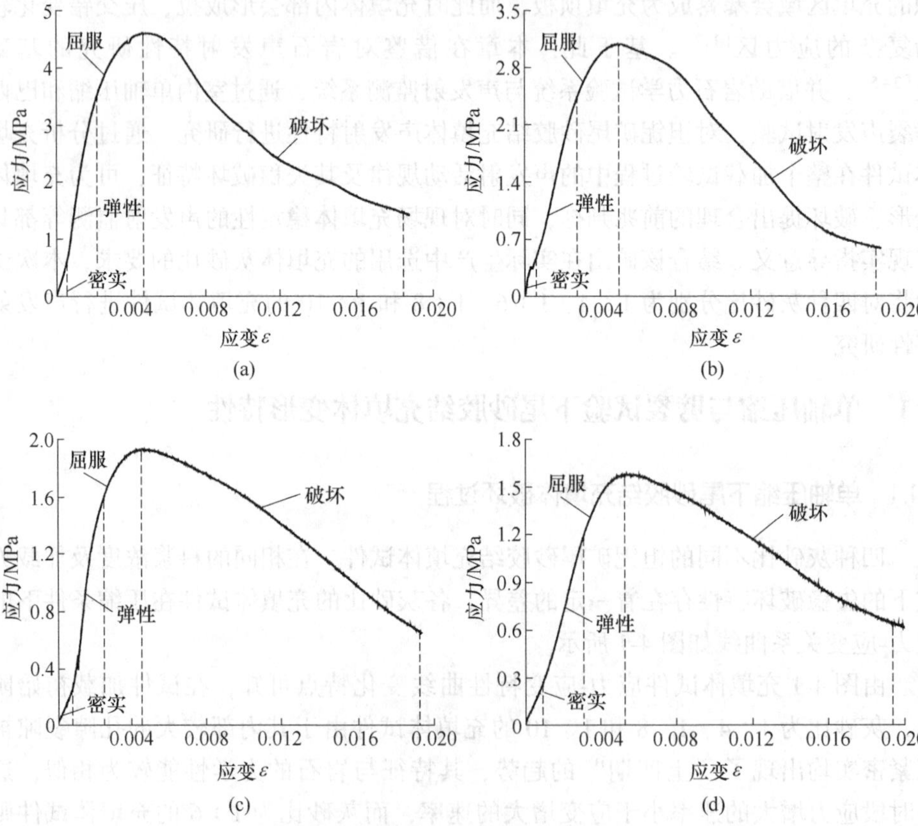

图4-1　不同灰砂比的试件单轴压缩下应力-应变关系曲线

（a）灰砂比1：4的充填体试件；（b）灰砂比1：6的充填体试件；
（c）灰砂比1：8的充填体试件；（d）灰砂比1：10的充填体试件

由图4-1可知，充填体试件在受压变形破坏过程中大致分为以下4个不同阶段：

（1）孔隙压密阶段。该阶段充填体试件随着外部载荷不断地加大，由于试件在干缩、硬化等过程中其内部结构会产生孔隙，而在外部载荷的作用下，这些孔隙不断被压紧密实，使得充填体试件抗压强度得到一定的提升。从图中可以看出这一阶段的曲线出现了一定的向上弯曲的趋势，其主要是孔隙被压密导致的。灰砂比越大，充填体试件内部孔隙的压实量则越小，表明充填体试件越密实，其强度越高；充填体试件灰砂比越大，曲线下凹越小，则表现为其抗压强度越大。

（2）弹性阶段。随着外部载荷继续增加，充填体试件内部孔隙进一步压密，从图中可以看出此阶段充填体试件应力-应变关系曲线近似于接近直线，并且充填体灰砂比越大，直线则越陡，弹性模量也就越大。而现有的载荷未达到使试件产生新裂纹的程度，因此变形仍处于弹性阶段。

（3）裂纹产生与扩展阶段。该阶段充填体试件随着外部载荷进一步增大，其内部结构开始产生细微宏观上的裂纹破坏，新出现的裂纹和原来已有的裂隙交织在一起，随着应力不断增大，由无序扩展向着应力作用的方向有序汇聚进一步扩展，此时充填体试件进入到塑性不可逆阶段。从图 4-1 可以看出，该阶段曲线出现了向上凸起的现象，而其斜率随载荷的增加而逐渐减小为零，此时充填体抗压强度达到最大值。

（4）破坏阶段。此阶段充填体试件随着载荷的增大，大量的微裂纹开始聚合、贯通，逐渐地演化为肉眼可见的主裂纹，而试件则主要是沿着主裂纹发生变形破坏，充填体其他部位未出现明显的破坏。主裂纹的出现则表明试件已经破坏。

4.1.2 单轴压缩下尾砂胶结充填体破坏形式

不同灰砂比的试件单轴压缩下主要破坏形式如图 4-2 所示。由图 4-2 可看出，在单轴压缩试验下不同灰砂比的充填体试件失稳破坏形式较为复杂，试件破坏主要是由沿着加载轴方向劈裂破坏或者局部剪切、拉伸等复杂应力作用所引起的共同结果。试验时发现灰砂比 1：4 的尾砂胶结充填体试件的破坏形式主要是裂纹纵向开裂贯穿整个试件，试件破坏后产生的碎块少，一般会破裂为几个较大的块体，试件破坏的形式与岩石较为相似，表现为突然失稳。灰砂比 1：6 的充填体试件破坏后具有显著的“端部效应”，其主要原因是这一类灰砂比的充填体内部颗粒之间的孔隙多，随着载荷逐渐增大，充填体试件的端部首先被压紧密实，之后载荷进一步增大，充填体端部将来自压头的载荷再传给整个充填体试件结构面，然而此时试件端部的密实程度比中间部位大得多，从而导致两个部位的抗压强度发生变化。因此在相同载荷作用下，试件端部中心位置将产生严重的碎胀破坏，使得破坏后的试件分为两个部分，而每个部分完整性保存较好，个别试件破坏后形成三个部分，其中中间部位破坏较为严重。灰砂比 1：8 的试件变形破坏形式主要为倒八字形剪切破坏，部分试样除了在主剪切面上发生破坏以外，在局部也可能出现剪切破坏。这是由于充填体试件在单轴压缩条件下，承受的抗压强

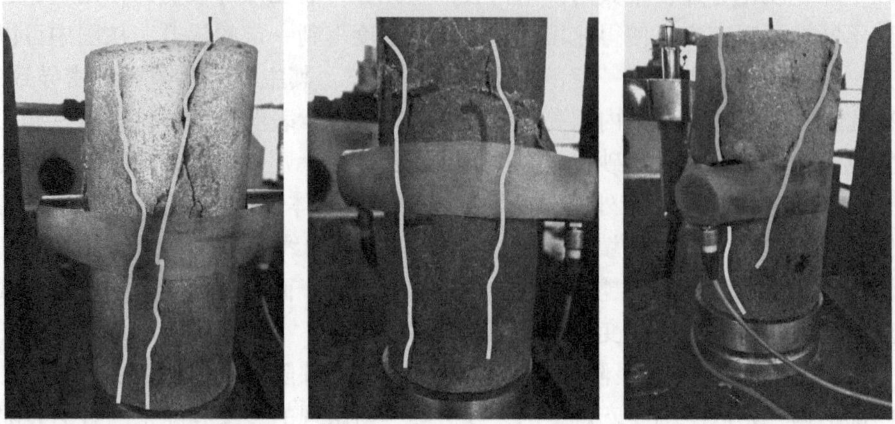

(a)

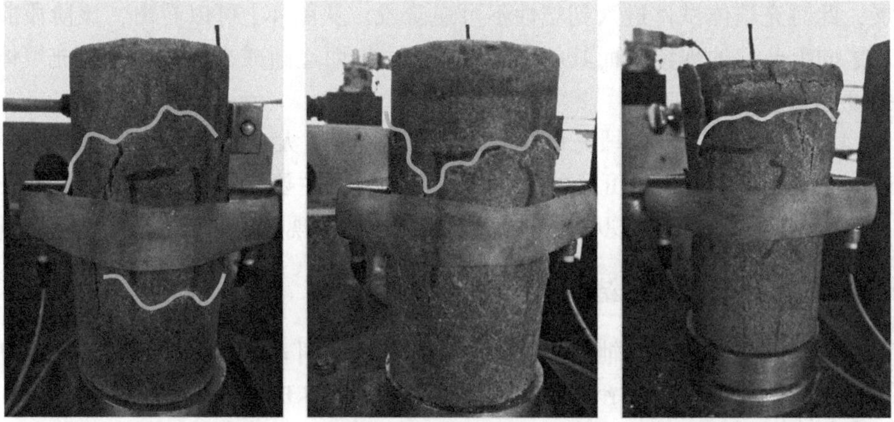

(b)

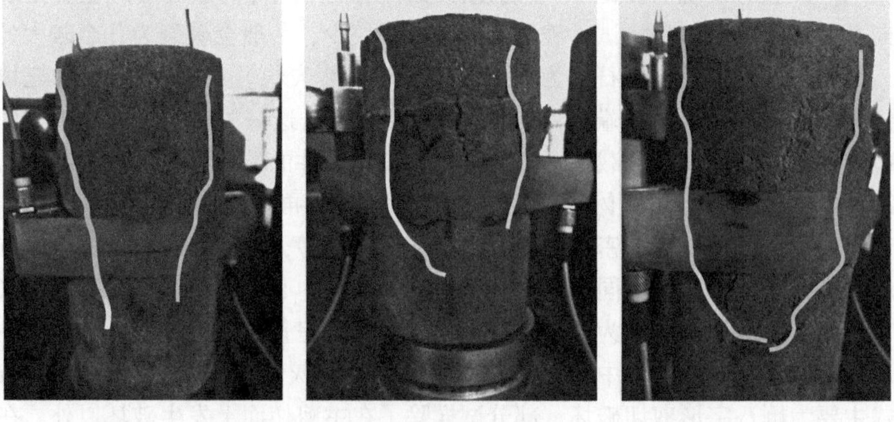

(c)

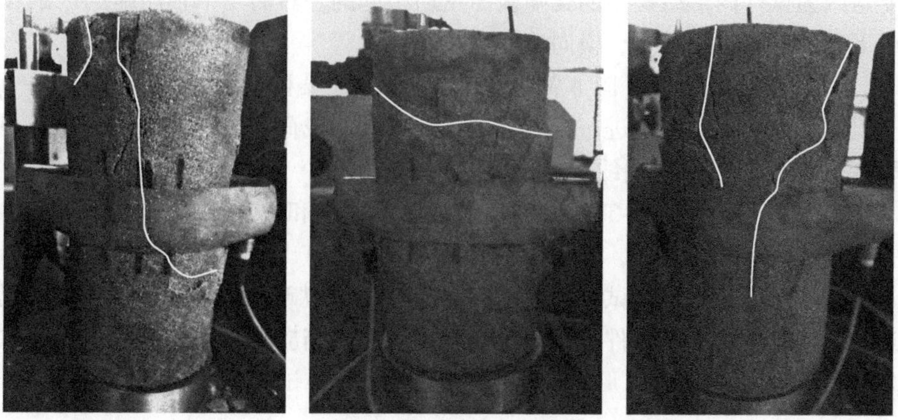

(d)

图 4-2 不同灰砂比的试件单轴压缩下主要破坏形式
(a) 灰砂比 1∶4 的充填体试件主要破坏形式：纵向开裂贯穿整个试件；
(b) 灰砂比 1∶6 的充填体试件主要破坏形式：碎胀破坏；
(c) 灰砂比 1∶8 的充填体试件主要破坏形式：倒八字形的破坏裂纹；
(d) 灰砂比 1∶10 的充填体试件主要破坏形式：八字形破坏及碎胀破坏

度要远大于抗拉和抗剪强度，因此当载荷达到某一特定值时，试件首先会因其达到抗拉或者抗剪破坏强度而在局部产生裂纹，进而逐渐形成破坏主裂纹。灰砂比 1∶10 的充填体试件主要是八字形破坏，原因是这类灰砂比的试件强度不高，其内部孔隙多且较大，抗拉和抗剪强度均低于抗压强度，因此当压头施加载荷时，试件上半部分首先承受压力，继续增大载荷，试件在上半部分开始产生剪切裂纹，而试件下部分完整性仍保持较好，个别试件破坏形式和破坏后的特性与灰砂比 1∶6 的试件相似，其破坏形式也为碎胀破坏。

通过研究，充填体试件在单轴压缩条件下，其损伤破坏过程可分为四个阶段：即孔隙压密阶段、弹性阶段、裂纹产生与扩展阶段以及破坏阶段。而不同灰砂比的试件其破坏形式也不同，如灰砂比 1∶4 的试件主要是纵向开裂贯穿整个试件破坏，灰砂比 1∶6 的试件主要是碎胀破坏，灰砂比 1∶8 的试件主要是裂纹呈倒八字形破坏，灰砂比 1∶10 的试件主要是八字形破坏及碎胀破坏。

4.1.3 劈裂试验下尾砂胶结充填体破坏过程

根据不同灰砂比的充填体试件单轴抗拉强度试验（巴西劈裂试验）得到的应力-应变关系曲线如图 4-3 所示，可知充填体试件抗拉发生变形破坏大致分为以下 3 个不同阶段：

(1) 加载初始阶段（图 4-3 中 AB 段）。此阶段曲线有略微向下凹的趋势，主要是因为试件内部结构中的孔隙被压密所引起的。然而与单轴压缩的区别在于曲线下凹的趋势更小一些，横向应变也更小。

（2）弹性变形阶段（图 4-3 中 BC 段）。该阶段和单轴压缩试验基本一致，即充填体试件内部孔隙被进一步的压密，而现有的载荷未达到使试件出现新裂纹的程度，应力-应变关系曲线近似于接近直线。

（3）破坏阶段（图 4-3 中 CD 段）。该阶段曲线和单轴压缩试验下的应力-应变关系曲线有较大的不同，在塑性屈服阶段中并没有出现上凸下凹的特征，当应力达到最大值时，充填体试件表现为突然从中间劈裂破坏，通过观察试件发现在未达到应力峰值之前，试件也未出现明显的裂隙，当应力一旦达到峰值时，试件表现为突然破坏，其破坏形式可认为是脆性破坏，试件劈裂破坏形态如图 4-4 所示。

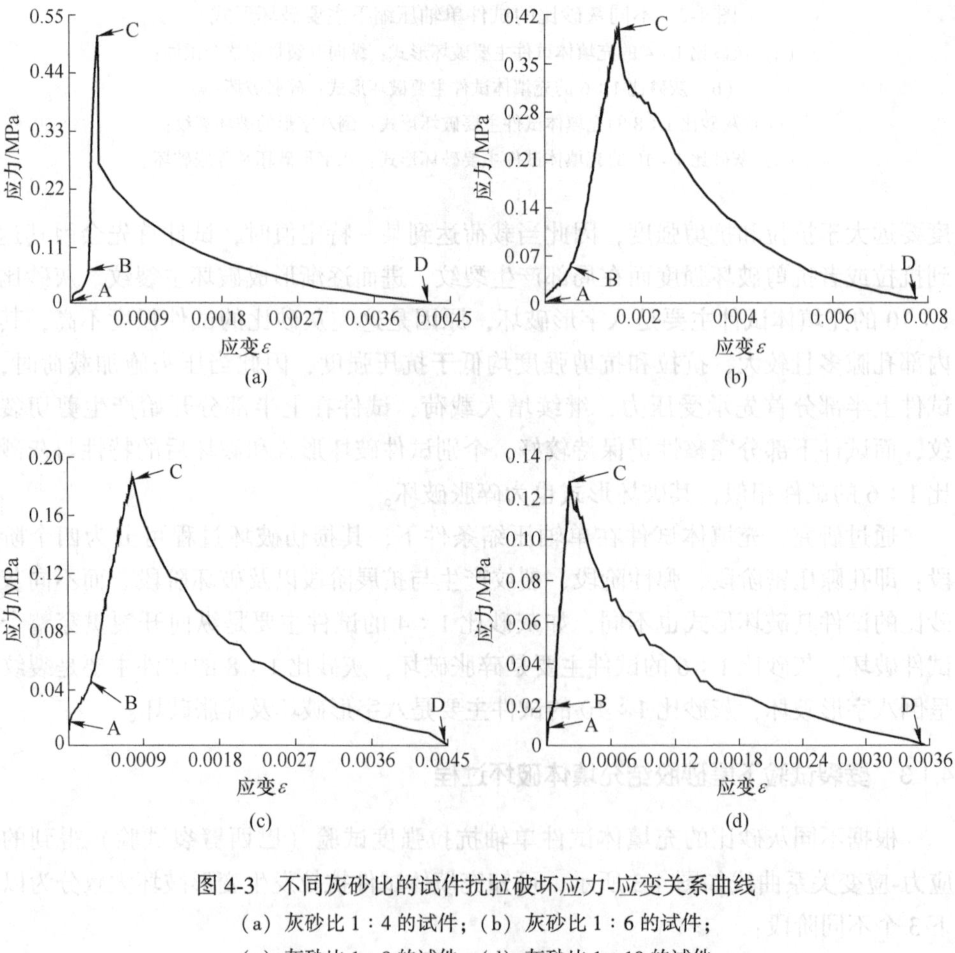

图 4-3　不同灰砂比的试件抗拉破坏应力-应变关系曲线

（a）灰砂比 1∶4 的试件；（b）灰砂比 1∶6 的试件；

（c）灰砂比 1∶8 的试件；（d）灰砂比 1∶10 的试件

图 4-4 试件劈裂破坏形态

4.1.4 劈裂试验下尾砂胶结充填体破坏形式

根据图 4-3 与图 4-4 可知，绝大部分用于劈裂拉伸试验的尾砂胶结充填体试件均沿着试件轴心呈“对称式”线状劈裂破坏，在破坏形态上是基本相同的。仅有个别灰砂比较低的充填体试件由于强度小而抵抗试件破坏作用减小，导致试件裂纹的萌生及扩展朝着胶结体较为密集区域的边缘进行，使得破坏后的充填体试件断裂面表现为不规则形状。

研究表明，充填体试件在劈裂破坏条件下，其损伤破坏过程大致分为以下 3 个阶段：加载初始阶段、弹性阶段以及破坏阶段；四种不同灰砂比的充填体试件主要破坏形式均为沿着试件轴心呈“对称式”线状劈裂破坏，其破坏形态基本相同。

4.2 单轴压缩与劈裂试验下尾砂胶结充填体声发射特性

4.2.1 声发射参数选取

目前 AE 技术已成功地运用到各个领域内，特别是在岩土工程中 AE 技术的运用已经取得了令人满意的成效。在充填体试件受外部荷载作用发生失稳破坏时，其内部结构中原本存在的裂隙以及新萌生的微裂纹周围区域应力出现集中，应变能较高；当外力增加到一阈值时，在材料中原有缺陷部位将发生微观屈服或变形，裂纹扩展，而使得应力发生弛豫，其中一部分存储在材料内部的能量将以弹性波的形式迅速地释放出来，此为 AE 现象，因此借助 AE 技术对充填体进行监测能够间接地了解其内部的状况。

为了较准确地描述钽铌矿尾砂胶结充填体声发射特性，选择合理的 AE 参数则显得尤为重要，许多专家学者均采用事件率和能率来分析声发射特性[6~12]。事件率表示的是单位时间内 AE 监测器接收到的撞击信号计数，它可以用来表征声发射活动的频度。能率（ER）则是单位时间内声发射信号的能量，也即 AE

事件信号检波包络线下面积。幅度、累计能量和累计振铃计数等也能用于描述充填体的 AE 特性，但一般认为用事件率和 ER 来共同描述就能满足研究的需求。因此，本书将利用 AE 事件率和 ER 来对充填体试件在受载荷作用下的 AE 特性进行相关描述。

4.2.2　单轴压缩下的尾砂胶结充填体声发射特性

自 AE 技术得到长足发展以来，国内外许多研究者均试图从测得的 AE 参数和材料性质之间发现并找出它们之间存在的相关性。如 Rudajev 等人[13]通过室内声发射试验对岩石在整个破坏过程中的 AE 特性规律做了较为详细的研究，赵奎等人[14]、李树刚等人[15]、李地元等人[16]、赵康等人[17]通过对岩石试块进行了单轴受压状态下的声发射试验，并由试验中得到的数据描绘出相应的 AE 参数、时间、应力图，从而进一步探究岩石在破坏过程中 AE 参数变化特征规律。由以上对岩石 AE 特性研究及查阅大量相关资料发现，岩石 AE 特征参数和应力之间是具有一定规律的。本书也将试图通过单轴压缩声发射试验，分析试件在不同应力阶段的事件率和 ER 变化特征，探索出灰砂比 1∶4、1∶6、1∶8 以及 1∶10 的钽铌矿尾砂胶结充填体在不同加载阶段时的声发射特性规律。

通过对比 AE 事件率关系曲线图与能率关系曲线图发现，事件率和 ER 的变化趋势具有极高的同步性，且两者在各变形阶段表现出的声发射特征规律也基本保持很好的一致性，故以下仅选用 AE 事件率对灰砂比不同的充填体试件在单轴压缩及劈裂破坏试验下的 AE 特性进行分析。

4.2.2.1　灰砂比 1∶4 的充填体试件 AE 事件率分析

灰砂比 1∶4 的试件 AE 参数关系曲线如图 4-5 所示。根据图 4-5 可知，充填体试件在加载初期，由于这一时期充填体试件内存有大量的孔隙，在载荷作用下，使得这些孔隙被压紧密实，颗粒与颗粒之间发生激烈的摩擦和错位滑动，因此试验设备在该阶段时能采集到大量的 AE 信号。如 E1 和 E3 试件在此阶段初期 AE 事件率便达到了较高的水平，随着应力的增大，AE 活动变得更为活跃，事件率也开始快速的增大，直到这一阶段末期 AE 事件率达到最大值。而 E2 试件 AE 事件率在整个初始压密阶段一直保持快速增长的趋势，直到弹性阶段中后期时才达到最大值。随着载荷继续增大，充填体试件进入弹性阶段，在该阶段 E2 试件内部的孔隙被进一步压密，其颗粒间的摩擦和错位发生得更加剧烈，且从室内试验中可观察到试件某一部位出现了微小的破裂，声发射活动表现得更为活跃，AE 事件率持续迅速上升，一直到试件孔隙被基本压密为止，此时 AE 事件率也达到最大值。与 E2 试件所不同的是 E1 和 E3 试件内部孔隙压密在上一阶段末期基本完成，AE 事件率在此阶段初期便开始急剧下降，直到该阶段末期才保持在

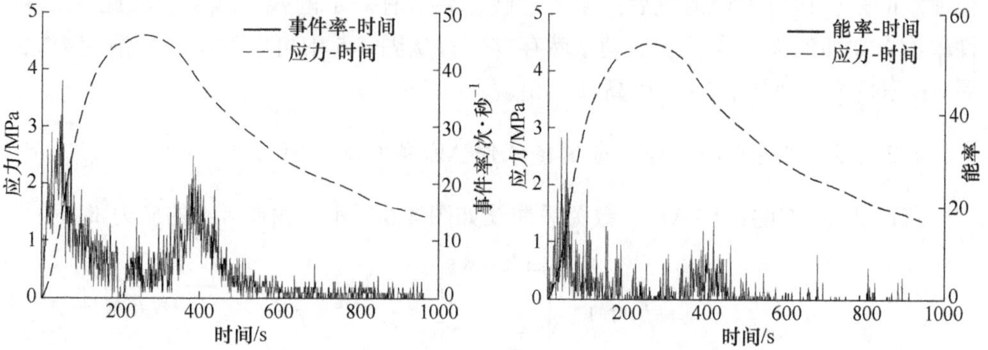

(a)

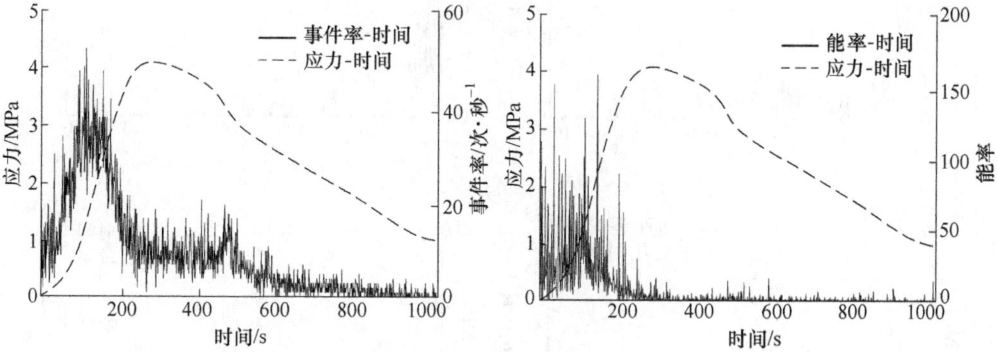

(b)

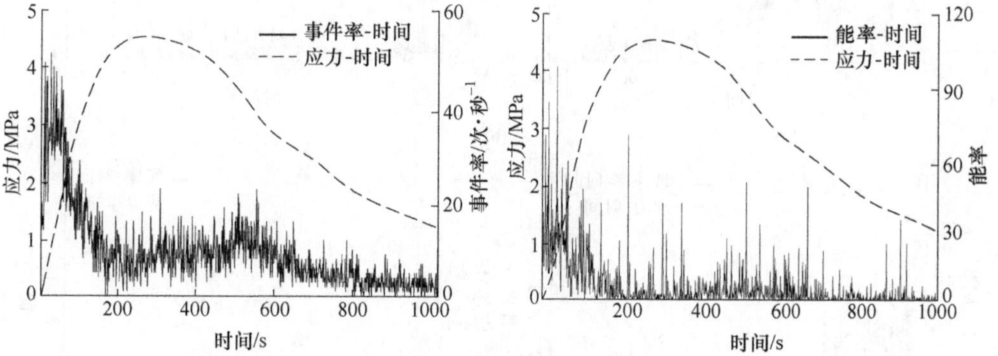

(c)

图 4-5 灰砂比 1∶4 的试件 AE 参数关系曲线

（a）E1 试件 AE 参数关系曲线；（b）E2 试件 AE 参数关系曲线；（c）E3 试件 AE 参数关系曲线

一个较低的水平内波动，这一阶段充填体内部开始萌生微小的裂纹并扩展。随着载荷继续增大，在塑性阶段时 3 个试件 AE 事件率均维持在较为稳定的范围内波动，直到应力峰值过后充填体发生破坏 AE 事件率仍保持在一个较低的水平。值得注意的是，在应力峰值过后由于试件破坏后仍有一定的残余强度，因此 AE 事件率没有立即消失，声发射活动依然存在，且从图 4-5 中可以看出在峰值应力之后 AE 事件率还有短暂的“小高峰”出现。

4.2.2.2　灰砂比 1∶6 的充填体试件 AE 事件率分析

灰砂比 1∶6 的试件 AE 参数关系曲线如图 4-6 所示。由图 4-6 的应力-时间-

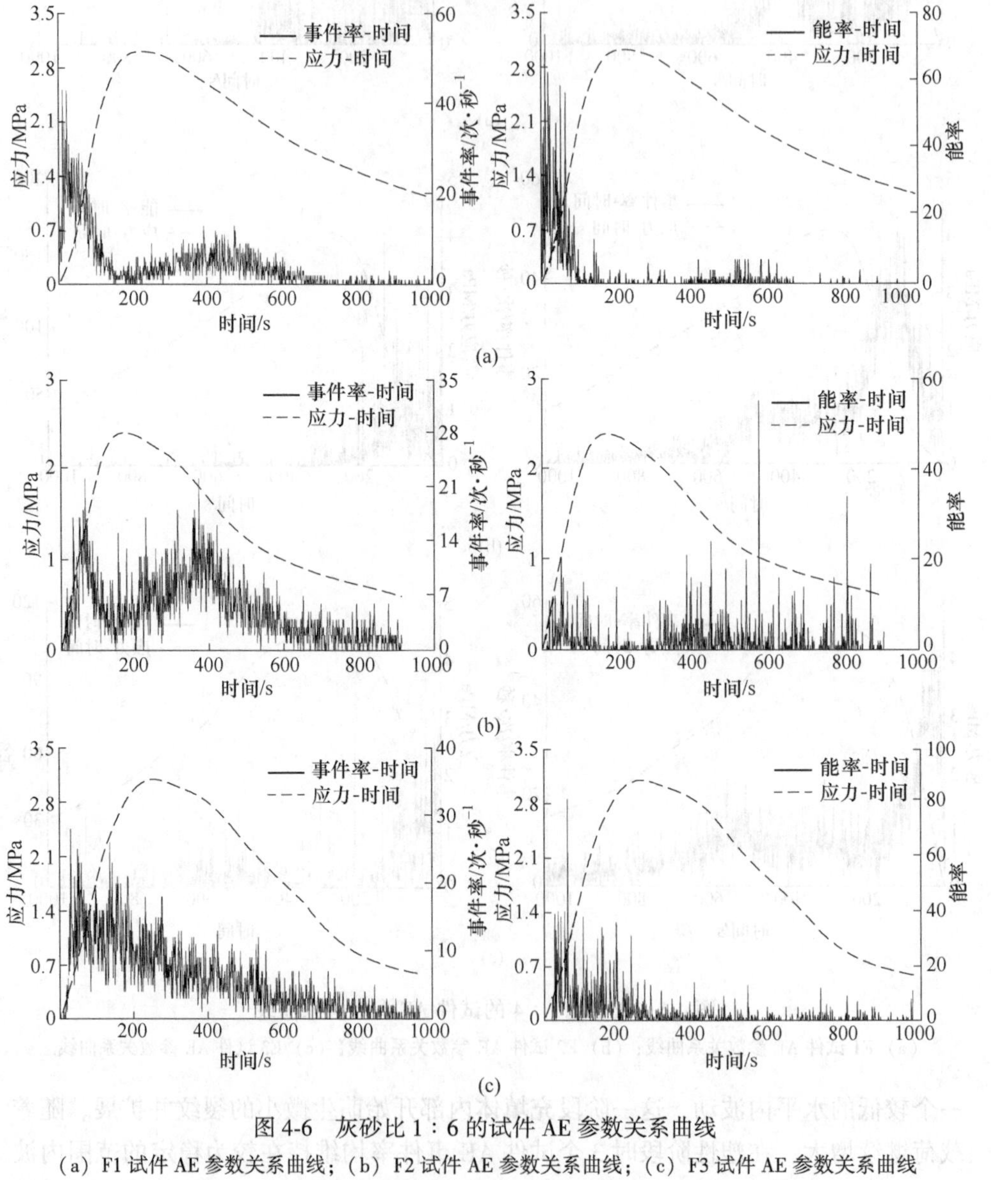

图 4-6　灰砂比 1∶6 的试件 AE 参数关系曲线

(a) F1 试件 AE 参数关系曲线；(b) F2 试件 AE 参数关系曲线；(c) F3 试件 AE 参数关系曲线

AE 事件率曲线可知，3 个充填体试件在初始加载阶段前期 AE 事件率一开始便已出现且事件数相对较大，随着应力逐渐增大，AE 事件率在短暂时间内急剧增大，并在压密阶段中期、后期或弹性阶段前期达到最大值。产生这种结果的原因可能是充填体试件内部结构原有大量的孔隙，在外部施加的作用力下，使得这些孔隙被压密，颗粒间发生激烈摩擦和错位滑动，也可能是试件在加载过程中局部区域受力不均匀使得某部位发生塌陷或试件表面出现崩落引起的。随着应力继续增大，充填体进入弹性阶段，由图 4-6 中事件率-时间-应力图可看出，充填体在此阶段 AE 事件率表现为快速下降的趋势，这一阶段的 AE 信号相当不稳定，AE 事件率波动性较大。主要是由于充填体结构中的孔隙进一步被压密，而颗粒间发生挤压摩擦减少了，导致产生的 AE 信号也变少，因此试件 AE 事件率才会下降。随着应力进一步增大，进入塑性阶段，此阶段试件局部已开始萌生微小裂纹，而裂纹之间的滑移摩擦或孔隙出现一定的变形，也会产生 AE 信号，AE 事件率在较小的范围内波动，直到试件应力峰值时，AE 事件率仍处于较低水平。峰值过后充填体试件进入失稳破坏阶段，F1 和 F2 试件 AE 事件率曲线开始缓慢上升，大约在 400s 时出现了波峰，之后又再次降低直到试验结束，而 F3 试件 AE 事件率则表现为一直逐渐缓慢减小到试验结束为止。

4.2.2.3 灰砂比 1∶8 的充填体试件 AE 事件率分析

灰砂比 1∶8 的试件 AE 参数关系曲线如图 4-7 所示。由图 4-7 的 AE 事件率-时间-应力曲线可知，在初始压密阶段，G1 试件 AE 事件率几乎一开始便达到最大值，随后又急剧下降到较低水平，并一直在稳定的范围内波动，直到试验结束为止。与 G1 试件不同的是，G2、G3 试件 AE 事件率在压密阶段一开始达到一定水平后，经过短暂的加载时间，在此阶段末期才达到峰值。随着载荷的增大进入弹性阶段，AE 事件率在此阶段初期开始由峰值以较快的速率下降，直到该阶段结束仍保持下降的趋势，其原因可能是由于充填体在该阶段其内部中的孔隙被进一步的压密，试件中的某些闭合的孔隙裂纹之间发生滑移摩擦现象减少，才导致 AE 事件率也逐渐减少。总的来讲，此阶段 AE 事件率波动性相对较大，AE 活动较为活跃。继续增大载荷，充填体试件进入塑性阶段，此阶段 AE 事件率较小，且变化幅度有限，直到试件破坏阶段 AE 事件率依然保持在一个较低的水平，表明充填体试件在前一阶段已然破坏，后面出现声发射活动，是因为试件仍存有一定的残余强度而未完全破坏，使得试件结构中裂纹裂隙发生较为激烈的摩擦，而直到试件完全破坏 AE 事件率依然维持在较低的水平。

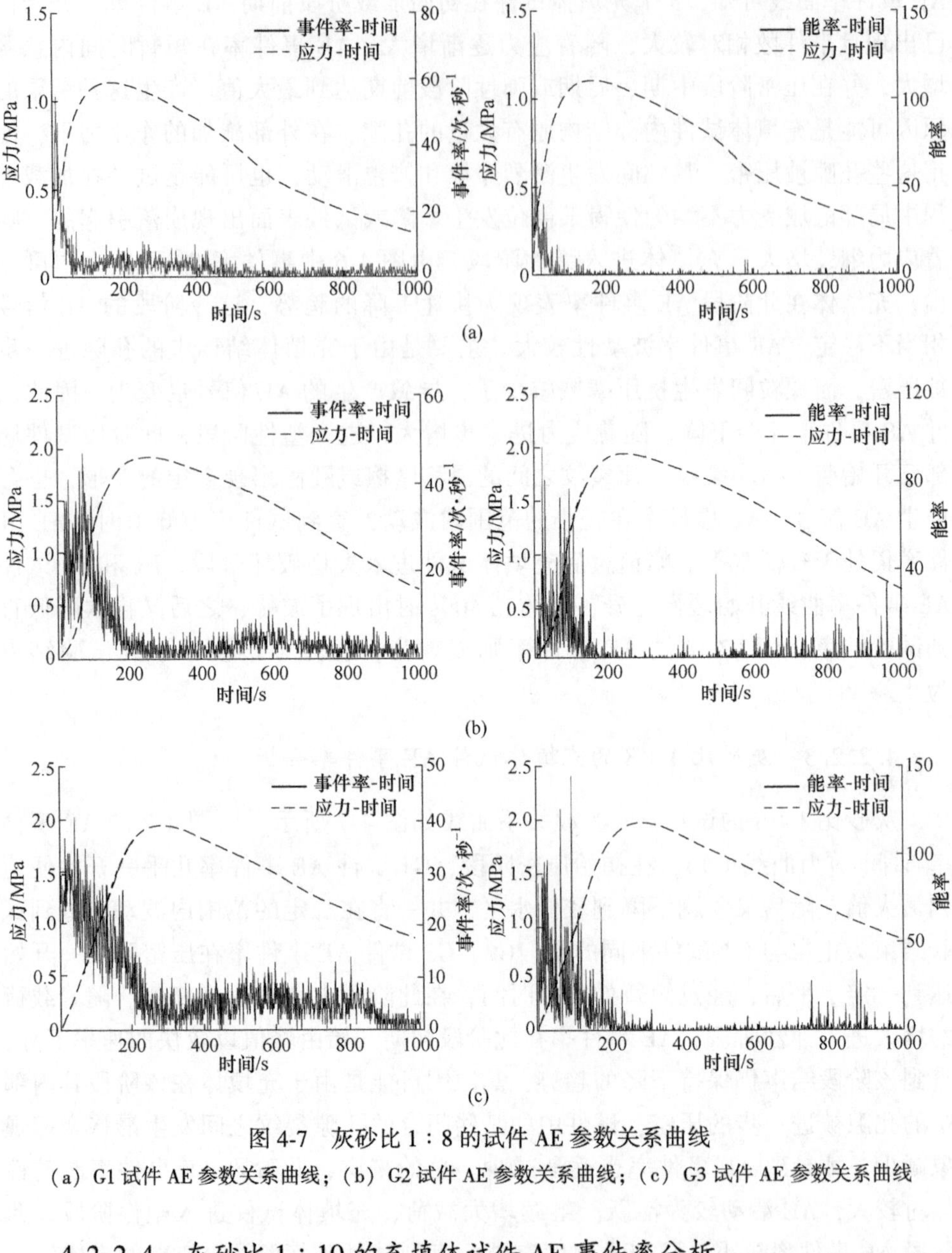

图 4-7　灰砂比 1∶8 的试件 AE 参数关系曲线

(a) G1 试件 AE 参数关系曲线；(b) G2 试件 AE 参数关系曲线；(c) G3 试件 AE 参数关系曲线

4.2.2.4　灰砂比 1∶10 的充填体试件 AE 事件率分析

灰砂比 1∶10 的试件 AE 参数关系曲线如图 4-8 所示。由图 4-8 的事件率-时间-应力曲线可以看出，在加载初始阶段，3 个充填体试件一开始均有声发射现象产生，随着试件被不断压密，AE 事件率在增长到一定程度后，突然急剧上升达到峰值，此阶段充填体试件 AE 活动极为活跃。当进入弹性阶段，充填体试件内部孔隙继续被不断压缩，H1、H2 试件在初期时便开始迅速下降并一直持续到该阶段结束为止；而 H3 试件 AE 事件率在此阶段初期先快速达到峰值，之后再以较快的速率回落至弹性阶段结束。继续增大应力，进入塑性阶段，从以下相应的曲线图中可看出，3 个充填体试件 AE 事件率在该阶段均处于较低的水平上，且变化幅度较为有限，声发射不太活跃，其原因可能是此阶段试件已发生破坏，使得其内部颗粒之间发生相互挤压摩擦、错动滑移减少，从而导致试验设备采集的 AE 信号减少。继续施加载荷，在破坏阶段，AE 事件率一直保持在一个较低的水平上波动，直到充填体试件完全破坏为止。

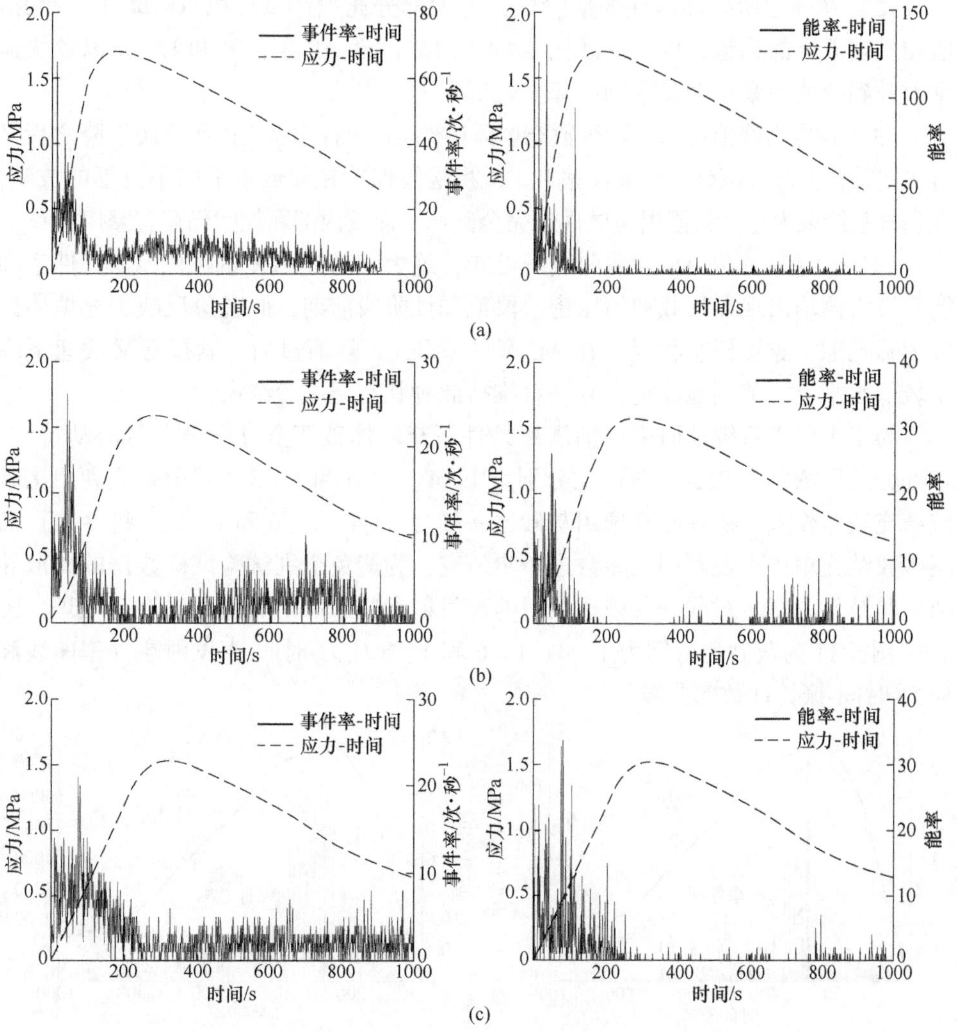

图 4-8 灰砂比 1 : 10 的试件 AE 参数关系曲线

(a) H1 试件 AE 参数关系曲线；(b) H2 试件 AE 参数关系曲线；(c) H3 试件 AE 参数关系曲线

通过以上对不同灰砂比的充填体试件在各变形阶段的 AE 特征详细分析，并对各组充填体试件试验结果进行对比后，可以总结出 4 种灰砂比试件的异同之处如下：

（1）通过观察 AE 参数曲线图可发现，无论是试件的 AE 事件率还是 ER，其峰值几乎都集中在加载初始阶段后期或弹性阶段前期出现，其主要原因可能是试件内部大量空隙被压密，而导致大量的声发射信号释放，这一现象与岩石破坏声发射特征有区别。只有极个别充填体（如灰砂比 1∶6 的 F2 试件）AE 参数峰值出现在破坏阶段后期，产生这种现象的原因可能是该试件在试验过程中受外界因素干扰所致。表明试件在初始加载阶段或弹性阶段已基本完成压密。

（2）在弹性阶段和塑性变形阶段，绝大部分充填体试件的 AE 事件率和 ER 值均呈现下降的趋势，仅有灰砂比 1∶4 的 E2 试件 AE 事件率和 ER 先以较快速率上升到峰值，紧接着又急剧下降至较低水平。

（3）在应力峰值过后，除少数充填体试件 AE 事件率及 ER 在经历下降之后又再次回升，大部分试件 AE 事件率和 ER 将继续保持在较低水平内小范围的波动，直到试验结束为止；其原因是试件未完全破坏，而其内部颗粒间仍存有摩擦所致。

（4）由单轴压缩 AE 参数曲线图可知，绝大部分充填体试件的 AE 事件率和能率极大值均出现在加载初始压密阶段或弹性阶段前期，此现象反映了充填体试件内部孔隙空隙被压密状况。在 AE 事件率和 ER 峰值过后，紧接着又快速下降至较低水平上小范围地波动，并一直维持此种状态至试验结束。

为了更深入系统地研究单轴压缩条件下充填体破坏全过程声发射活动特性，本部分选取浓度为 72%、灰砂比分别为 1∶4、1∶6 和 1∶8（矿山企业利用尾砂胶结充填体作人工矿柱时常选用灰砂比一般为 1∶4、1∶6 和 1∶8 这些参数）的尾砂胶结充填体声发射相关参数进一步研究，为避免个别试验试样数据的离散导致试验结果失真，对同一灰砂比获得的声发射参数采取平均值方法进行处理。图 4-9~图 4-11 为灰砂比分别为 1∶4、1∶6 和 1∶8 应力-时间-声发射事件率曲线和应力-时间-振铃计数率曲线。

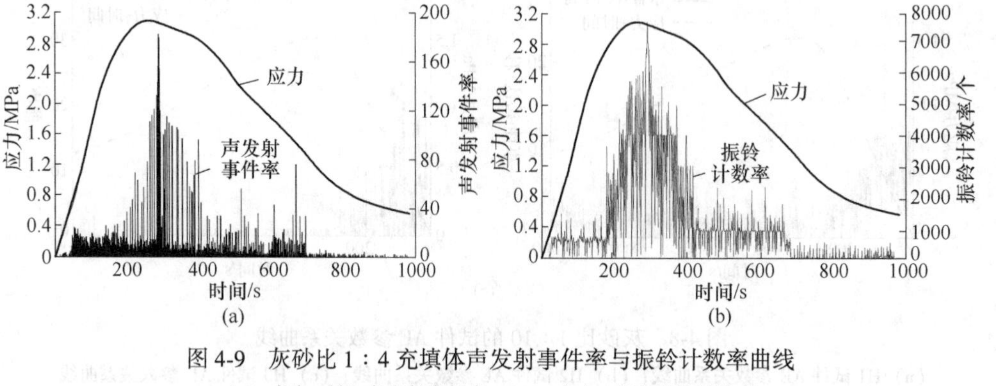

图 4-9　灰砂比 1∶4 充填体声发射事件率与振铃计数率曲线

（a）应力-时间-声发射事件率；（b）应力-时间-振铃计数率

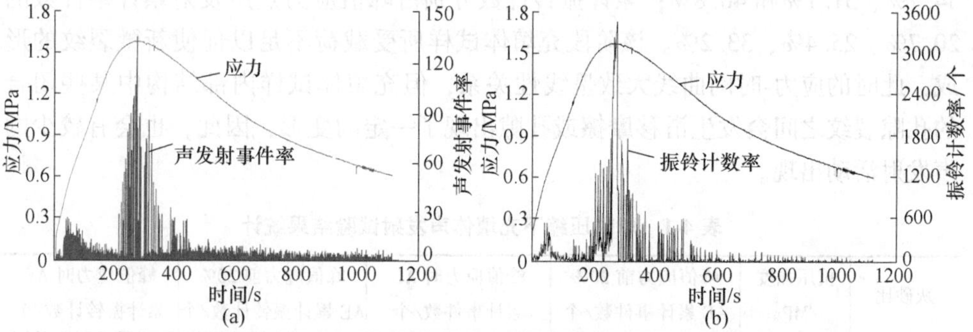

图 4-10　灰砂比 1∶6 充填体声发射事件率与振铃计数率曲线

（a）应力-时间-声发射事件率；（b）应力-时间-振铃计数率

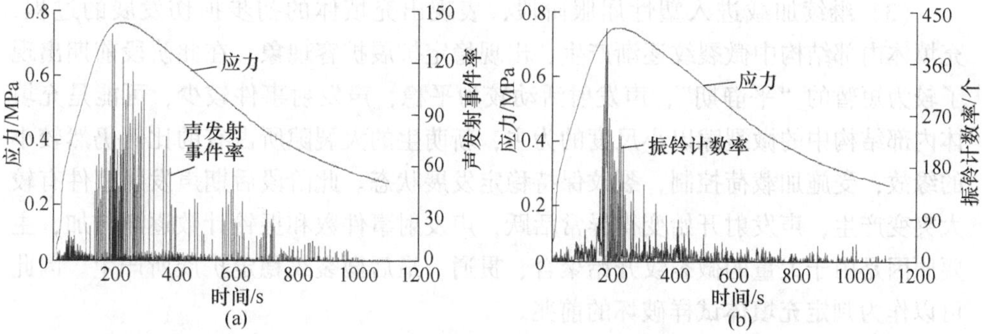

图 4-11　灰砂比 1∶8 充填体声发射事件率与振铃计数率曲线

（a）应力-时间-声发射事件率；（b）应力-时间-振铃计数率

由图 4-9～图 4-11 可以看出，充填体单轴压缩声发射变形破坏过程中的声发射特征有如下规律：

（1）充填体加载初期压紧密实阶段，应力-时间曲线出现略有上凹，应力速率增加迅速，该阶段时间较短，声发射活动不明显，只有少量的声发射事件发生。随着载荷不断增加，声发射事件数和振铃计数开始零星出现，且数值较小。可以理解为是由于充填体试样在较低的载荷作用下，其内部结构中某些固有的孔隙裂隙的闭合和少量微破裂产生所引起，具有一定的波动性。此阶段也是充填体试件自我强化的过程。

（2）随着载荷不断增加充填体试件进入弹性阶段，声发射事件数和振铃计数仍然较少，声发射事件在一定的范围内波动，声发射事件的频度也比前一阶段小。灰砂比为 1∶4、1∶6 和 1∶8 试件从加载初期至峰值应力的 20%阶段，也即至该阶段末期。单轴压缩下充填体声发射试验结果统计见表 4-1，由表 4-1 统计结果可知，此时充填体声发射累计事件数分别占应力峰值点声发射累计事件数的

54.7%、51.1%和40.8%；累计振铃计数分别占峰值应力点声发射累计事件数的20.7%、25.4%、33.2%。该阶段充填体试样所受载荷不足以促使新微裂纹的形成，此时的应力-时间曲线大致呈线性关系，但充填体试样内部结构中某些闭合的孔隙裂纹之间会发生滑移摩擦或孔隙出现了一定的变形，因此，也会有较少的声发射活动出现。

表 4-1　单轴压缩下充填体声发射试验结果统计

灰砂比	抗压强度/MPa	峰值应力前 20% AE 累计事件数/个	峰值应力时 AE 累计事件数/个	峰值应力前 20% AE 累计振铃计数/个	峰值应力时 AE 累计振铃计数/个
1∶4	3.09	2305	4214	88364	427885
1∶6	1.58	1519	2974	23511	92539
1∶8	0.77	602	1474	2194	6609

（3）继续加载进入塑性屈服阶段，表现出充填体的初步损伤发展的过程，充填体内部结构中微裂纹逐渐产生，出现稳定扩展扩容现象。在此阶段前期出现了较为短暂的“平静期”，声发射活动较为平稳，声发射事件较少，可能是充填体内部结构中的微裂隙以小尺度的为主，新萌生的大裂隙所占有的比例仍然较小的缘故，受施加载荷控制，裂纹保持稳定发展状态。此阶段后期声发射事件有较大突变产生，声发射开始变得异常活跃，声发射事件数和振铃计数逐渐增加，主要原因是由于大量的微裂纹开始聚合、贯通，最后微裂纹稳定扩展所产生。因此可以作为判定充填体试样破坏的前兆。

（4）载荷达到充填体试件最大承载力时进入破坏阶段，该阶段充填体内部微裂纹聚合、贯通的发生是宏观破裂面形成的原因，其破坏的形式主要为 X 状共轭斜面剪切破坏和单斜面剪切破坏（见图 4-12）。这两种破坏都是由于破坏面上的剪应力超过极限引起的，因而被视为压-剪破坏。裂纹之间的相互作用开始加剧，声发射活动快速增加，轴向应力迅速下降，大的声发射事件也明显增多，声

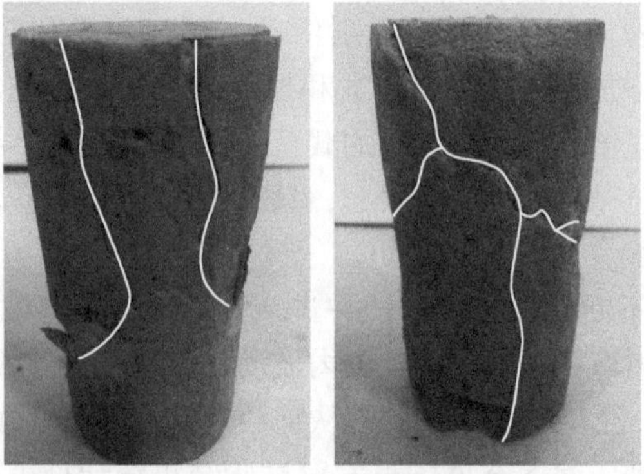

图 4-12　充填体单轴压缩破坏

发射事件频度也均高于前几个阶段，大面积的破坏所占的比例迅速增加，破坏瞬时声发射事件数和振铃计数均达到最大值，随后充填体试件内部沿破裂面产生宏观滑移，在试件破坏之后由于充填体内部颗粒之间以及破坏面的相互挤压摩擦、错动滑移导致充填体声发射活动仍较为活跃，声发射事件数和振铃计数仍然较高。随着应力逐渐下降，充填体声发射活动也随之逐渐减少。

(5) 从图4-9~图4-11可以看出，灰砂比为1∶4的充填体试件其最大声发射事件数发生在峰值应力之后，时间在300s左右，此时充填体试件出现宏观上的裂纹，即充填体产生破坏。其原因可能是充填材料中水泥的含量较高，充填体内部孔隙更少，试件更加密实，强度更高，在应力达到峰值时，试件内部孔隙已经被压紧密实，充填体破坏表现得更加突然，所以才导致最大声发射事件数稍微滞后于应力峰值，从现场也可看到试件突然裂开。灰砂比为1∶8的充填体试件其最大声发射事件数发生在峰值应力前，时间在200s左右，产生这一现象的原因是此配比的材料中水泥的含量较少，充填体胶结效果较差，试件内部孔隙间隙较大，从而导致充填体强度低，随着载荷不断地增加，由于试件强度较低，声发射活动出现的较早，且随着时间的推移，声发射大事件数逐渐增多。此时从现场试验中可以看到试件表面出现了较多的裂纹，可知充填体开始逐渐地发生破坏，随着破坏的加剧，试件内部颗粒之间的摩擦更加剧烈。与此同时，声发射活动也异常的活跃，在临近应力峰值时，声发射事件数达到最大值。而灰砂比为1∶6的充填体试件其最大声发射事件数发生在应力峰值时，时间大概在250s。

通过不同灰砂比的钽铌矿尾砂胶结充填体单轴压缩破坏声发射特性试验，结合各个阶段应力与声发射特征参数分析可得以下结论：

(1) 充填体单轴压缩破坏过程大致可分为压紧密实阶段、弹性阶段、塑性屈服阶段和破坏阶段四个阶段，不同阶段充填体声发射活动有不同特征。在初始压紧密实阶段只有极少数事件数产生；随着应力的不断增大，充填体进入弹性和屈服阶段声发射事件数缓慢增加。破坏阶段中在临近峰值应力或处于峰值应力时，充填体声发射最活跃，声发射事件也达到最大值。

(2) 在单轴压缩条件下，灰砂比1∶4试件最大声发射事件数出现在应力峰值后，时间在200s左右，此时试件已破坏；灰砂比1∶6试件最大声发射事件数出现在应力峰值时，在250s左右试件已破坏；灰砂比1∶8试件最大声发射事件数出现在应力峰值后，在300s左右试件已破坏。出现这种现象的原因是由于不同的灰砂比，导致尾砂胶结致密程度不同。即灰砂比大的试件，水泥含量更多，试件胶结得更好，充填体内部孔隙更少，强度更大。

4.2.3 劈裂试验下的尾砂胶结充填体声发射特性

通过对比以下AE事件率关系曲线图与能率关系曲线图发现，事件率和ER

的变化趋势具有极高的同步性，且两者在各变形阶段表现出的声发射特征规律也基本保持很好的一致性，故以下仅选用 AE 事件率来对灰砂比不同的钽铌矿尾砂充填体试件在劈裂破坏试验下的 AE 特性进行分析。

灰砂比 1∶4 的充填体试件 AE 事件率分析：由图 4-13 的 AE 事件率关系曲线可知，灰砂比 1∶4 的充填体在劈裂破坏条件下 AE 信号有以下特征。在加载初期，也即试件内部孔隙被压密阶段，由于受垫条的影响，在与垫条接触的部位容

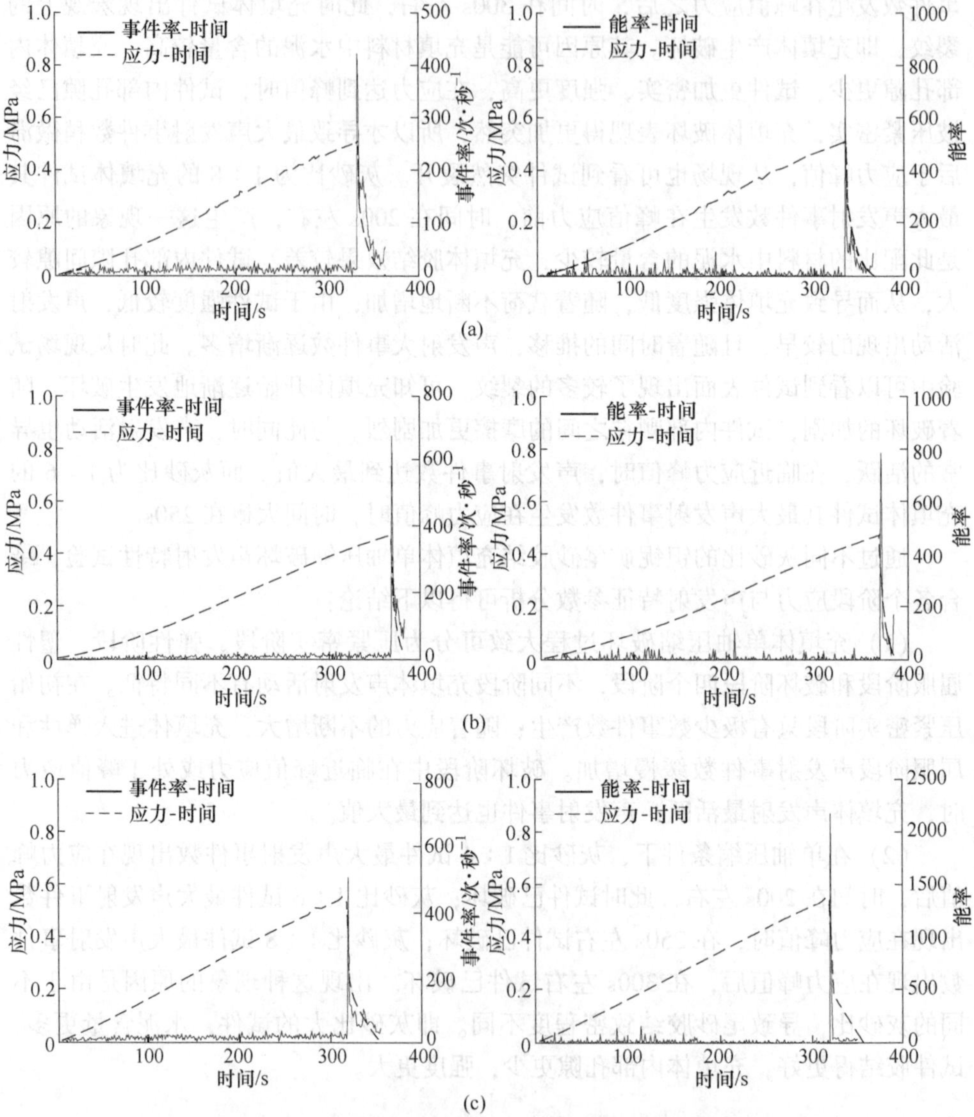

图 4-13　灰砂比 1∶4 的试件 AE 参数关系曲线

（a）E13 试件 AE 参数关系曲线；（b）E14 试件 AE 参数关系曲线；（c）E15 试件 AE 参数关系曲线

易出现应力集中，使得该区域内易形成软弱面甚至产生破坏，从而导致在该部位有 AE 信号产生。随着载荷的增大，充填体内部原有的孔隙被继续压密，3 个试件仅有较小的 AE 信号出现，直到初始压密阶段末期 AE 信号仍保持在较低范围波动。继续增大载荷，充填体进入弹性阶段，此阶段继续将试件内部未完全压密的孔隙进一步压密，而充填体处于弹性压缩变形状态，在试验中也可观察到试件表面未产生新裂纹，因此，该阶段 AE 事件率较小，声发射活动不太活跃，AE 信号继续保持在平稳的状态。随着载荷持续增大，直至弹性阶段末期，即充填体峰值应力点处，AE 事件率达到最大值。此时，充填体试件开始迅速地萌生大量的裂纹，并随着裂纹不断扩展，试件内部结构中软弱面也逐渐增多，储存在试件中的能量被瞬间释放出来，因此更加提高了裂纹扩展速度，使得试件几乎瞬间彻底破坏，应力曲线近乎垂直下降，直至为零。而 AE 事件率则首先急剧增长，此后又快速回落为极小值乃至降为零。

灰砂比 1：6 的充填体试件 AE 事件率分析：根据图 4-14 中的 AE 事件率关系曲线可知，从加载初期至峰值应力阶段，充填体试件仅有较小的 AE 事件率产生，且一直维持在一个很低的水平，AE 活动较为平静，波动幅度极为有限。这可能是由于充填体试件内部颗粒间原有存在的孔隙，在施加载荷的条件下试件内部大量孔隙被不断压密，但颗粒与颗粒之间滑动摩擦及产生的微破裂较少，因此使得释放的 AE 信号也较少，表明试件内部结构损伤程度较小。F14 试件与 F13、F15 试件在此阶段有所不同的是：AE 事件率有缓慢增大的趋势，直至临近峰值应力点处，才急剧增大。在充填体试件应力达到峰值时，AE 事件率也达到最大值。随着载荷继续增大，充填体试件发生严重损伤破坏，AE 事件率突然大幅增长到最大值时，随后又快速下降，声发射活动极为活跃。3 个试件在破坏阶段事件率存在较大区别，F13 和 F14 试件在应力达到峰值后并未瞬间彻底破坏，仍存在较小的残余强度，两试件事件率不同之处在于：F13 试件事件率迅速降到一定程度后再逐渐缓慢减小，F14 试件则是事件率快速下降后在某一水平保持一小段时间，随后又快速增大形成小高峰，此时充填体试件完全破坏；而 F15 试件在峰值应力过后，试件几乎瞬间完全破坏，AE 事件率也在极短的时间内减为零。

灰砂比 1：8 的充填体试件 AE 事件率分析：由图 4-15 中的 AE 事件率关系曲线可知，灰砂比 1：8 的充填体与灰砂比 1：4、1：6 充填体在峰值应力前 AE 事件率变化趋势较为相似，即产生的 AE 信号较弱，声发射活动在此阶段不太活跃，并一直保持在一个较低的范围内波动，声发射现象不太明显。在应力达到峰值点处，充填体 AE 事件率突然急剧增大到最大值，此时 AE 活动变得非常活跃。如 G13 试件事件率在 248s 时达到最大值 49 次/秒，G14 试件事件率在 311s 时达到最大值 189 次/秒，G15 试件事件率在 245s 时达到最大值 250 次/秒；值得注意的是，G14 和 G15 试件的最大 AE 事件率是 G13 试件最大值的 3.8~5 倍，因此可

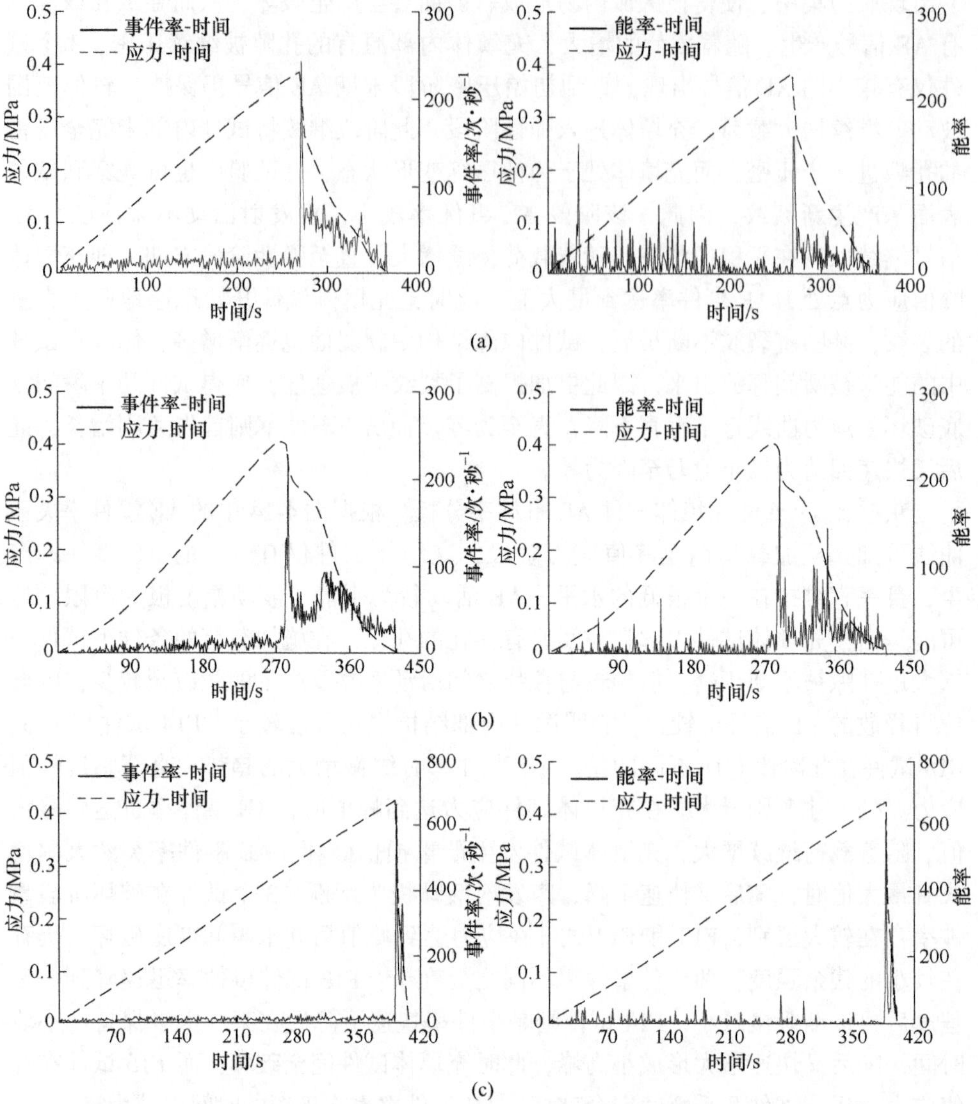

图 4-14　灰砂比 1∶6 的试件 AE 参数关系曲线

（a）F13 试件 AE 参数关系曲线；（b）F14 试件 AE 参数关系曲线；（c）F15 试件 AE 参数关系曲线

知与 G13 试件相比较而言，G14、G15 试件在峰值应力时，声发射活动更为活跃，其内部新萌生的裂纹裂隙扩展、汇聚等一系列演化更加剧烈。继续增大载荷，充填体进入破坏阶段，G14、G15 试件 AE 事件率由最大值快速下降到相应的应力水平为抗拉强度的 20%~25%时，再转为缓慢减小到试验结束。而 G13 试件从图 4-15 可看出在峰值应力后期，AE 事件率总体上呈下降趋势，但此过程中波动幅度较大，声发射活动较为激烈，这可能是由于充填体内部新萌生的微小裂纹逐渐扩展为较大裂纹的失稳破坏过程，并继续汇聚成更大裂纹，从而导致试件完全破坏所引起的。

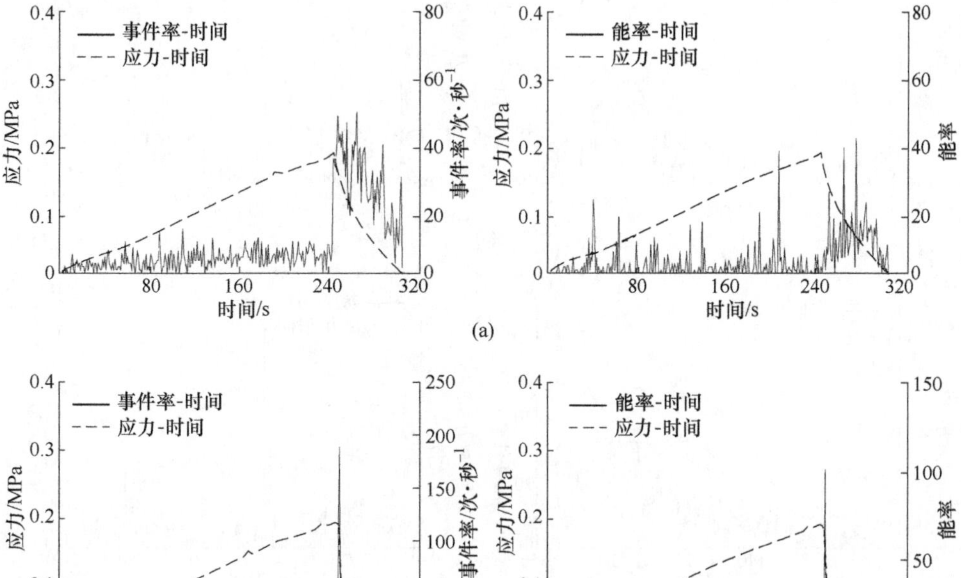

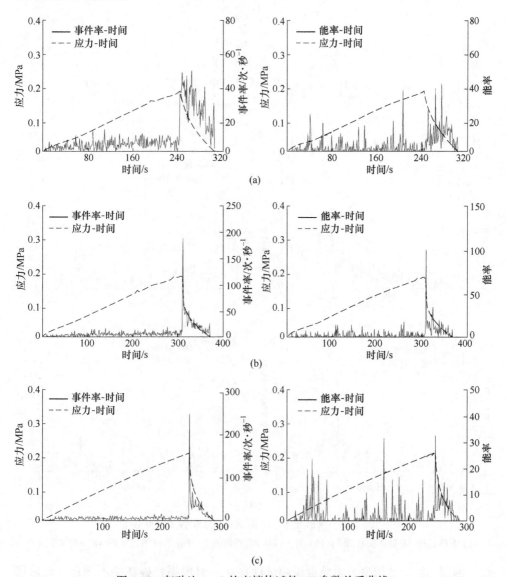

图 4-15 灰砂比 1：8 的充填体试件 AE 参数关系曲线

(a) G13 试件 AE 参数关系曲线；(b) G14 试件 AE 参数关系曲线；(c) G15 试件 AE 参数关系曲线

灰砂比 1：10 的充填体试件 AE 事件率分析：由图 4-16 中的 AE 事件率关系曲线可看出，随着应力的增大，充填体试件在压密阶段经历的时间极短，仅有零星的 AE 事件率出现，且数值较小，AE 活动不明显。可以理解是因为试件在较低的载荷作用下，充填体中的孔隙被不断压密，但试件内部几乎不产生新的微裂

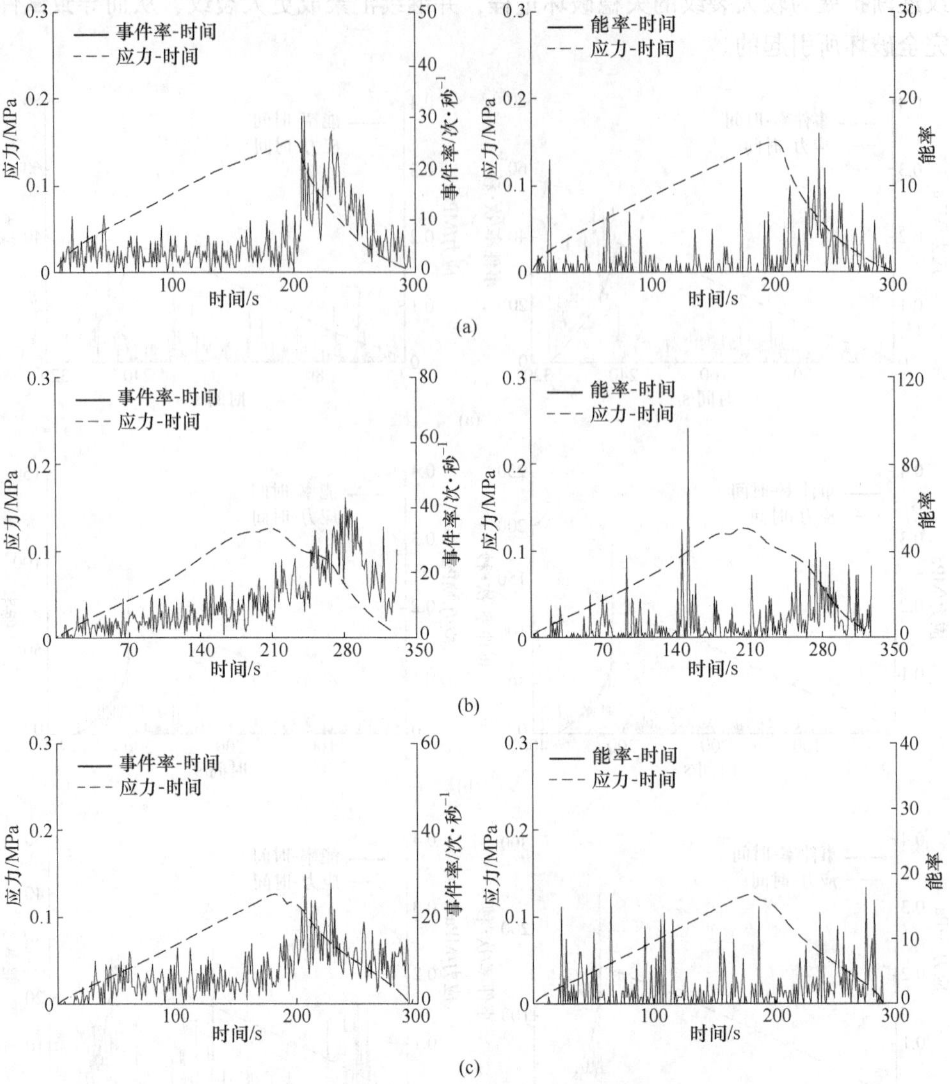

图 4-16　灰砂比 1：10 的试件 AE 参数关系曲线

(a) H13 试件 AE 参数关系曲线；(b) H14 试件 AE 参数关系曲线；(c) H15 试件 AE 参数关系曲线

纹，因而 AE 信号较少，由此也说明试件在这一时段损伤破坏并不严重，此阶段也可认为是充填体试件自我强化的过程。随着应力的逐渐增大，充填体进入弹性阶段，相比于其他配比的试件，灰砂比 1：10 的充填体在这一阶段声发射事件数波动性较大，这是由于充填体试件颗粒间存有较大孔隙，试件灰砂比越大的充填体材料胶结得越好，存在的孔隙越少，反之灰砂比越小试件内部存在的孔隙越多，从而导致充填体内部颗粒间以及破坏面的相互挤压摩擦、错动滑移发生得更为频繁剧烈。与 H14、H15 试件平缓增大到 AE 事件率最大值所不同的是，H13

试件在峰值应力时突然由较小的 AE 事件数急剧上升至最大值，声发射活动在接近峰值应力点时才逐渐变得更为活跃。再由图 4-16 事件率曲线可知，试件最大 AE 事件数均出现在峰值应力后期阶段，这可能是由于灰砂比较低的充填体，其内部存在更多的孔隙，在应力达到最大值时试件还未完成压密，储存在充填体中大量的能量未及时释放出来，从而导致最大 AE 事件率稍微滞后于峰值应力。之后在应力快速下降的同时，AE 事件率也出现了显著跌落，但声发射活动仍较活跃，充填体试件声发射事件数并未快速降为零。

通过以上详细分析，可以总结出 4 种不同灰砂比的充填体试件在劈裂破坏试验下 AE 特征的相似点及不同之处：

（1）由以上 AE 事件率曲线图的变化趋势可知，各组不同灰砂比的充填体试件从初始压密阶段到弹性阶段结束，AE 事件率均一直维持在较低的水平上小范围波动，AE 现象不明显。这可能是由于充填体试件所承受的拉应力要比压应力小得多，使得试件受拉时在较短的时间内完全破坏，因此试验设备在试件破坏之前仅能采集到少量的 AE 信号。

（2）在应力达到峰值及破坏阶段，绝大部分试件 AE 事件率在应力峰值点处由原来低水平波动突然上升至最大值，之后又陡然下降至一定程度后再缓慢减小；小部分试件（如灰砂比 1：10 的充填体）则在 AE 事件率达到峰值后便一直逐渐缓慢地降低至试验结束为止。

为进一步研究劈裂试验下充填体破坏全过程声发射活动特性，如前面所述，选取浓度为 72%、灰砂比分别为 1：4、1：6 和 1：8 的尾砂胶结充填体的应力-时间-声发射事件率曲线和应力-时间-振铃计数率曲线（见图 4-17~图 4-19）进行深入分析。

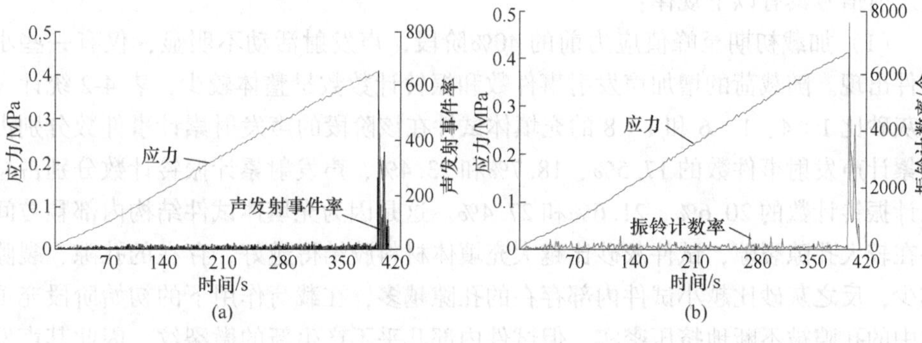

图 4-17 灰砂比 1：4 充填体声发射事件率与振铃计数率曲线

（a）应力-时间-声发射事件率；（b）应力-时间-振铃计数率

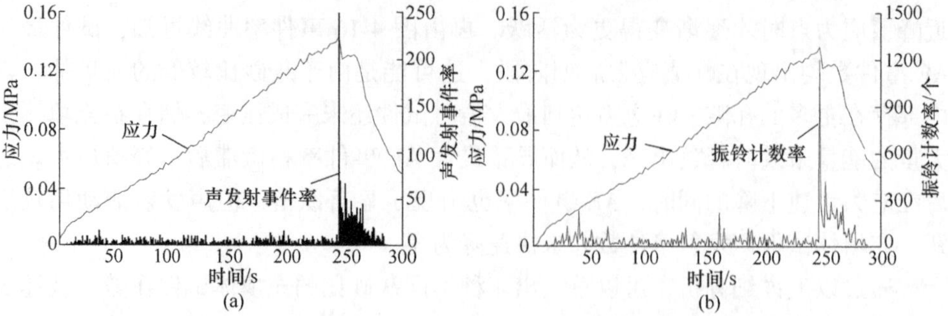

图 4-18　灰砂比 1∶6 充填体声发射事件率与振铃计数率曲线

（a）应力-时间-声发射事件率；（b）应力-时间-振铃计数率

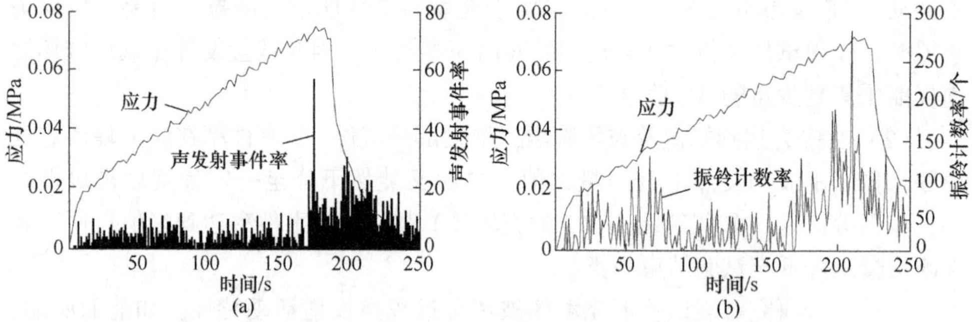

图 4-19　灰砂比 1∶8 充填体声发射事件率与振铃计数率曲线

（a）应力-时间-声发射事件率；（b）应力-时间-振铃计数率

由应力、时间和声发射参数关系曲线图可知，充填体试件劈裂破坏时产生的声发射信号具有以下规律：

（1）加载初期至峰值应力前的 40%阶段，声发射活动不明显，仅有一些小事件出现。随载荷的增加声发射事件数和振铃计数数量整体较少，表 4-2 统计表明灰砂比 1∶4、1∶6 和 1∶8 的充填体试件在该阶段的声发射累计事件数分别占总累计声发射事件数的 17.5%、18.7%和 23.4%，声发射累计振铃计数分别占总累计振铃计数的 20.6%、21.6%和 27.4%。这是因为充填体试件结构内部颗粒间存在较大孔隙裂隙，试件灰砂比越大充填体材料胶结得越好，存在的孔隙、裂隙越少，反之灰砂比越小试件内部存在的孔隙越多，在载荷作用下的初始阶段充填体中的孔隙被不断地挤压密实，但试件内部几乎不产生新的微裂纹，因此其声发射活动也较少，由此说明此阶段充填体试件损伤破坏也较小。

（2）峰值应力的 40%至峰值应力阶段，在此阶段的初期出现了一段相对较“平缓波动”的声发射事件，几乎没有大能量事件产生。随着应力的缓慢增加，

表 4-2 劈裂试验下充填体声发射结果统计

灰砂比	抗拉强度/MPa	峰值应力前 40% AE 累计事件数/个	总累计 AE 事件数/个	峰值应力前 40% AE 累计振铃计数/个	总累计 AE 振铃计数/个
1∶4	0.41	1255	7171	13314	64541
1∶6	0.14	459	2457	3136	14501
1∶8	0.07	449	1920	2866	10441

充填体试件内部的孔隙进一步被压缩，声发射事件数和振铃计数稍微有所增加，此阶段充填体内部也开始缓慢地产生新的微裂纹，但新生裂纹较少，而充填体试件内部原有裂纹又未扩展，故产生的声发射事件数相对来说也较少。直至在峰值应力点处才出现最大量的声发射活动，由应力-时间-声发射事件率关系曲线图可知，声发射事件数随时间的变化在临近应力峰值点时曲线会出现一个非常明显的突增“拐点”，说明声发射事件出现很大的突变，声发射活动变得异常活跃，声发射事件数和振铃计数均达到最大值。此时充填体试件内部微裂纹裂隙急剧发展，表明充填体已经出现严重的损伤破坏。而室内试验也观察到该阶段充填体试件裂纹逐渐增多，最后汇合成宏观的破裂面贯穿整个试件而导致破坏。

（3）峰值应力以后的继续破坏过程中，在轴向应力迅速下降的同时声发射事件数和振铃计数也出现了显著跌落，声发射事件的频度变化较大，但声发射活动仍较活跃，充填体试件声发射事件数并没有快速降为零。这表明充填体试件仍处于缓慢的拉伸变形破坏过程中。同时可观察到试验过程中充填体基本上是沿着试件加载轴线方向由中间劈裂导致破坏（见图 4-20）。图 4-17～图 4-19 也表明，三种灰砂比的充填体试件劈裂破坏时最大事件率和最大振铃计数率几乎都发生在峰值应力点或临近峰值压力点位置。

图 4-20 充填体劈裂破坏

在上述的劈裂试验（间接拉伸试验）下，充填体试件的破坏过程大致分为加载初始阶段、弹性阶段和塑性屈服失稳破坏阶段，并且 3 种灰砂比的充填体破坏主要是沿着轴心贯穿整个试件“对称式”劈裂破坏。声发射活动在加载开始至应力峰值点阶段均表现得较平静，声发射事件没有太大的波动，在峰值应力点处或接近峰值应力时，声发射活动变得异常活跃，声发射事件数和振铃计数都达到最大值，此时试件从中间对称劈裂破坏。

无论是单轴压缩还是劈裂试验，充填体破坏失稳过程实质是充填体内部微裂纹萌生、扩展、聚合直至充填体宏观破坏的过程，而声发射信号正是由于充填体内部微裂纹萌生、扩展、聚合产生的间接体现。在加载初期直至开始形成裂纹之前，两次试验声发射活动都不很明显；一旦充填体出现了裂纹，在其对应的应力点声发射事件显著增多，在裂纹平稳扩展直至充填体破坏时，其声发射活动变得异常活跃，声发射事件数急剧增加。随后应力迅速下降，但充填体未完全破坏仍有较多的声发射事件数。

大多数充填体试件在接近破坏至最终宏观破坏期间，声发射活动变得异常活跃，并且声发射事件率和振铃计数在试样破坏时都达到极值（破坏前兆）。因此，利用声发射事件率和振铃计数可监测充填体的破坏进程。

通过以上对充填体试件 AE 参数特性分析，可大致了解其在试验过程中的破坏情况，但为了更加深入细致地了解试件内微裂纹的萌生、扩展以及损伤程度，还需进一步对充填体试件的声发射 b 值和关联分维数值特征进行探讨。

参考文献

[1] 赵奎，王晓军，刘洪兴，等．布筋尾砂胶结充填体顶板力学性状试验研究［J］．岩土力学，2011，32（1）：9-14.

[2] 王晓军，冯萧，赵康．不同回采断面顶板充填体破裂声发射数值模拟研究［J］．矿业研究与开发，2011，31（1）：9-15.

[3] 赵康，赵奎．金属矿山开采过程上覆岩层应力与变形特征［J］．矿冶工程，2014，34（4）：6-10.

[4] 张艳博，杨震，姚旭龙，等．花岗岩巷道岩爆声发射信号及破裂特征实验研究［J］．煤炭学报，2018，43（1）：95-104.

[5] 王超圣，周宏伟，王睿，等．加轴压卸围压条件下北山花岗岩破坏特征［J］．岩土工程学报，2019，41（2）：329-336.

[6] 王祖荫．声发射技术基础［M］．济南：山东科学技术出版社，1989.

[7] 李庶林，林朝阳，毛建喜，等．单轴多级循环加载岩石声发射分形特性试验研究［J］．工程力学，2015，32（9）：92-99.

[8] 张茹，谢和平，刘建锋，等．单轴多级加载岩石破坏声发射特性试验研究［J］．岩石力学与工程学报，2006，25（12）：2584-2588.

[9] 吴贤振，刘祥鑫，梁正召，等．不同岩石破裂全过程的声发射序列分形特征试验研究

[J]. 岩土力学, 2012, 33 (12): 3561-3569.

[10] Hirata A, Kameoka Y, Hirano T. Safety management based on detection of possible rock bursts by AE monitoring during tunnel excavation [J]. Rock Mechanics and Rock Engineering, 2007, 40 (6): 563-576.

[11] He M C, Miao J L, Feng J L. Rock burst process of limestone and its acoustic emission characteristics under true-triaxial unloading conditions [J]. International Journal of Rock Mechanics and Mining Sciences, 2010, 47 (2): 286-298.

[12] 周子龙, 李国楠, 宁树理, 等. 侧向扰动下高应力岩石的声发射特性与破坏机制 [J]. 岩石力学与工程学报, 2014, 33 (8): 1720-1728.

[13] Rudajev V, Vilhelm J, Lokajicek T. Laboratory studies of acoustic emission prior to uniaxial compressive rock failure [J]. Int J Rock Mech & Min Sci, 2000, 37 (4): 699-704.

[14] 赵奎, 金解放, 王晓军, 等. 岩石声速与其损伤及声发射关系研究 [J]. 岩土力学, 2007, 28 (10): 2105-2114.

[15] 李树刚, 成小雨, 刘超, 等. 单轴压缩岩石相似材料损伤特性及时空演化规律 [J]. 煤炭学报, 2017, 42 (增1): 104-111.

[16] 李地元, 李夕兵, Charlie L I C. 2种岩石直接拉压作用下的力学性能试验研究 [J]. 岩石力学与工程学报, 2010, 29 (3): 624-632.

[17] 赵康, 王金安. 基于尺寸效应的岩石声发射时空特性研究 [J]. 金属矿山, 2011 (6): 46-51.

5 钽铌矿尾砂胶结充填体声发射 b 值及分形维数特性

充填体试件在受外载荷作用前，由于受制作工艺、沉降及养护等外部因素的影响，使得试件内部会产生较多微裂纹，随着外载荷逐渐增大，这些微裂纹不断发展演化，从而导致充填体局部出现破裂并将储存的能量以弹性波形式释放而产生 AE 信号，这一现象被称为 AE 现象。由 AE 信号可以了解充填体试件在失稳破坏过程中丰富的信息，通过对采集到的 AE 信号各种参数进行处理分析，能够间接知道充填体材料在外力作用下试件内部裂纹发展的演化过程，从而获得充填体材料在破坏时其内部结构损伤演化规律[1]。

由充填体试件单轴抗压下得到的 AE 参数、时间及应力之间的关系，并在此基础上为充分了解试件在外力作用下破坏前的有关规律，为矿山安全监测提供准确判据。本章将对充填体试件损伤破坏时声发射 b 值的变化特征及分形特征进行研究，从而更加深入地认识充填体内部结构中微裂纹的萌生、扩展、贯通以及发生破坏的整个过程。龚囱等人[2]对尾砂作为充填骨料的充填体试件做了循环加卸载试验，研究分析了这一试验整个过程中充填体声发射 b 值特征，结果表明声发射 b 值在不同的阶段呈现出不同的特征，且在循环加卸载过程中充填体内部裂纹一直进行动态演化之中。董毓利和谢和平等人[3]研究了混凝土材料声发射特征，研究表明应力-应变全曲线峰值处 b 值最小，根据分形理论对混凝土受压全过程分形维数进行了研究；李旭等人[4]利用声发射技术研究了动、静态加载下钢筋混凝土柱的断裂、损伤特性，利用 b 值理论能捕捉到钢筋混凝土柱裂纹宏观拓展时刻与静态加载相比，动态加载时宏观裂纹的形成所需载荷更小，动态加载更易导致宏观裂纹形成，AE 事件累计时间参数能清晰反映钢筋混凝土柱的损伤增长速率。

总体来说，目前针对充填体材料声发射 b 值特征的研究成果相对较少，人们对岩石材料声发射 b 值特征的研究成果较为丰富，值得在研究充填体材料时借鉴。李元辉等人[5]对岩石破裂过程中的声发射 b 值和空间分布分形维值随不同应力水平的变化趋势进行了研究，得到声发射分形维值 D 值和 b 值，反映了岩石破坏过程中微裂纹的初始和扩展规律。曾正文等人[6]通过对不同构造的柱形岩石试样进行等应变速率单轴抗压声发射试验，研究结果表明不同构造的岩石在整个破裂过程中其声发射 b 值变化特征是不同的，且与其对应的不同岩石损伤破坏扩展方式也不相同。赖德伦[7]对三种岩性不同的岩样进行了单轴抗压强度声发射试验，研究了岩石在随应力增大的同时声发射 b 值的变化特征，结果表明岩石岩性和应力状态对声发射 b 值均有影响，但不是唯一因素。刘文德等人[8]利用单轴压缩试验对灰岩破裂过程中的各阶段 AE 特性进行分析，发现其 AE 序列具有分形特征。

由以上研究成果可知，在借助 AE 技术对岩石 AE 特征方面的研究已经变得越来越成熟，这一技术为更加深入了解岩石在外力作用下 AE 特征提供了巨大的帮助[9]。然而通过查阅相关文献发现有关钽铌矿尾砂胶结充填体 AE 特征方面的研究却较为鲜见。为此，本章将在室内通过对此种尾砂胶结充填体试件进行了单轴压缩声发射试验，由试验中得到的应力、应变、时间以及各 AE 参数，再结合相关数学方法得到充填体声发射 b 值和分形维数值，并深入分析钽铌矿尾砂这一材料作为骨料的充填体声发射 b 值和关联分形维数值特征变化规律，以便为充填体失稳破坏提供更为准确的预判依据。

5.1 尾砂胶结充填体声发射 b 值特征

5.1.1 声发射 b 值选取依据

声发射 b 值的提出最早来源于人们对地震领域方面的研究，而经过长时间的发展才逐步在岩土工程领域中得到广泛应用。在 1939 年，日本著名研究者饭田和石本便已开始研究了地震频率与地震最大振幅之间存在的关系[10]。直到 1941 年，C. F. Richter 与 B. Gutenberg 在对地震活动的研究工作中发现了地震震级与频度之间存在着对数关系，即著名的 *G-R* 关系式[11]（见式（5-1））。这一研究成果对于将 b 值运用在岩石和充填体的声发射特性研究上有着重要作用。

$$\lg N = a - bM \tag{5-1}$$

式中 N——震级在 M 至 $M+\mathrm{d}M$ 之间内地震频度，次；

M——地震震级，里氏；

a，b——常数。

如今，已有越来越多的专家学者把关系式（5-1）引入研究岩石声发射特性中，得到岩石在破裂过程中声发射 b 值的变化规律，以便找出岩石发生破坏前兆的特征，从而为监测岩石变形破坏提供可靠的依据。然而，在已知的 AE 参数中并没有关系式（5-1）中的地震震级 M 这一概念，因此必须在众多 AE 参数中优选一个合适的参数来替代地震震级 M，进而对岩石或其他材料的声发射 b 值进行研究。在对声发射 b 值的探讨中发现，有许多学者用 AE 幅值取代地震震级 M 来进行研究[12,13]。由 AE 能量与新产生的裂纹面积关系，从微观上声发射 b 值变化能够间接反映出所研究的材料内部结构微小裂纹的动态演化情况。许多研究结果表明：声发射 b 值的动态变化可以表示材料内部裂纹扩展程度和破坏状态。当声发射 b 值变大时，表明材料内部主要产生小尺度的微破裂裂纹，当声发射 b 值变小时，说明材料内部主要产生大尺度的微破裂裂纹；当声发射 b 值在较小范围内上下波动时，表明材料内部微裂纹扩展较为稳定；当声发射 b 值在大范围内骤然发生跃迁时，则表示材料内部裂纹正进行着剧烈演化，预示裂纹将有可能发生突发式扩展。

由以上可看出：声发射 b 值对于研究在单轴压缩试验下的充填体失稳破坏过程中内部微裂纹的萌生和发展状况有极为重要的作用。故本节将采用声发射 b 值来探讨钽铌矿尾砂胶结充填体在单轴压缩试验下的 AE 特性。

5.1.2 声发射 b 值计算方法

目前，计算声发射 b 值最常用的方法是最大似然法和最小二乘法[14]。在计算声发射 b 值前，首先需要将采集到的声发射数据进行必要的分档以及优选合适的初始计算“震级 M”。假设在某次对充填体试件做 AE 检测时，采集到的声发射某一参数总数据为 N 个，若选用最大似然法对声发射 b 值进行计算，则 b 值根据式（5-2）可得到：

$$\dot{b} = \frac{0.4343N}{\sum_{R=1}^{m}\left(R - \frac{1}{2}\right) \times \Delta M \times n_R} \tag{5-2}$$

式中　$\dot{b}$——声发射 b 值估计值；

N——所选取的 AE 参数总数，次；

m——分档次数；

ΔM——分档间距；

n_R——在第 R 档时总的 AE 参数。

若选用最小二乘法来得到声发射 b 值，则 b 值根据式（5-3）可得到：

$$\dot{b} = \frac{\bar{x} \times \bar{y} - \overline{xy}}{\overline{x^2} - (\bar{x})^2} \tag{5-3}$$

式中　$x = M - M_0$，$y = \ln N$；

M_0——起算“震级”；

M——“震级”；

$\bar{x} = \frac{1}{m}\sum_{R=1}^{m} x_R$，$\bar{y} = \frac{1}{m}\sum_{R=1}^{m} y_R$；

$$\overline{xy}=\frac{1}{m}\sum_{R=1}^{m}(x_R\times y_R)\ ,\ \overline{x^2}=\frac{1}{m}\sum_{R=1}^{m}x_R^2\ ;$$

公式中其他参数同式（5-2）。

本书将采用以下三个步骤对声发射 b 值进行计算：

（1）首先，将试验中得到的一组幅度数据，按已设定好的 AE 采样窗口数作为一单位顺序进行分组，得 i 组数据 m_i；

（2）然后，用设定好的分档间隔对每组数据 m_i 进行分档，将数据 m_i 中幅度最小值作为最低档，将数据 m_i 中幅度最大值作为最高档，每档所占的 AE 次数记作 n_i；

（3）其次，所定义的相对震级 M 值，可由式（5-4）求得：

$$M=\frac{(\lg n-A)\times B}{B-A} \tag{5-4}$$

式中 M——声发射相对震级；

n——相对震级间隔 $\widetilde{M}$ 内的 AE 次数；

A——每个相对震级间隔 $\widetilde{M}$ 内的最小 AE 次数 $n_{\min}$ 所对应的对数，也即等于 $\lg n_{\min}$；

B——每个相对震级间隔 $\widetilde{M}$ 内的最大 AE 次数 $n_{\max}$ 所对应的对数，也即等于 $\lg n_{\max}$。

（4）最后，通过式（5-4）计算得到 M 值后，用 M 值作为横坐标，每个相对震级间隔 $\widetilde{M}$ 内的 AE 次数 n 的对数 $\lg n$ 作为纵坐标，再描出各点 $F(i)$，接着选用最小二乘法对得到的 $F(i)$ 做回归处理，而直线的斜率 $\hat{b}$ 值的相反数则为本文所需的声发射 b 值，可表示为式（5-5）。

$$b=\hat{b} \tag{5-5}$$

式中 b——声发射 b 值；

$\hat{b}$——点（$M(i)$，$\lg n$）经过线性回归处理的直线斜率。

5.1.3 声发射 b 值计算结果及分析

在计算充填体试件声发射 b 值时，每次均拟采用 200 个幅度数据为一组采样窗口，再以 50 个 AE 数据为一步长，然后按时间顺序进行滑动取样，相对震级间隔 ΔM 取 0.1，从而得到声发射 b 值与应力、时间的关系曲线。

由第 4 章研究分析可知，充填体变形破坏特征与其内部微裂纹演化过程是紧密相关的。充填体试件在试验过程中不同的变形阶段，其 AE 特性不相同，主要表现在充填体 AE 参数的大小和多少两方面。因此，本节将对单轴压缩试验下的不同灰砂比的充填体试件声发射 b 值进行分析，以进一步了解四种不同灰砂比的充填体试件在应力作用下其内部裂纹的扩展演化规律，从而对钽铌矿尾砂充填体 AE 特性加深认识。

灰砂比 1∶4 的充填体声发射 b 值分析：声发射 b 值与应力、时间关系曲线如图 5-1 所示，由图可知充填体试件在加载初始阶段声发射 b 值一开始便在较高的水平上波动，且波动性相对较大。从图 4-13 也可观察到在该阶段产生了大量数值较大的 AE 事件，并在这一阶段 E1、E3 试件 AE 事件率达到最大值，其原因可能是此阶段试件内部孔隙压密程度较大引起的，进一步也说明试件内部微小裂纹的产生与扩展的尺度不太均匀。随着应力逐渐增大，在弹性阶段 E2 试件声发射 b 值先出现快速下降的趋势，直到该阶段中期左右声发射 b 值达到最小值，说明此时试件内部孔隙已被压密，试件已开始出现了部分损坏。而 E1、E3 试件从弹性阶段前期声发射 b 值就开始呈现持续上升的趋势，表明该阶段两试件被进一

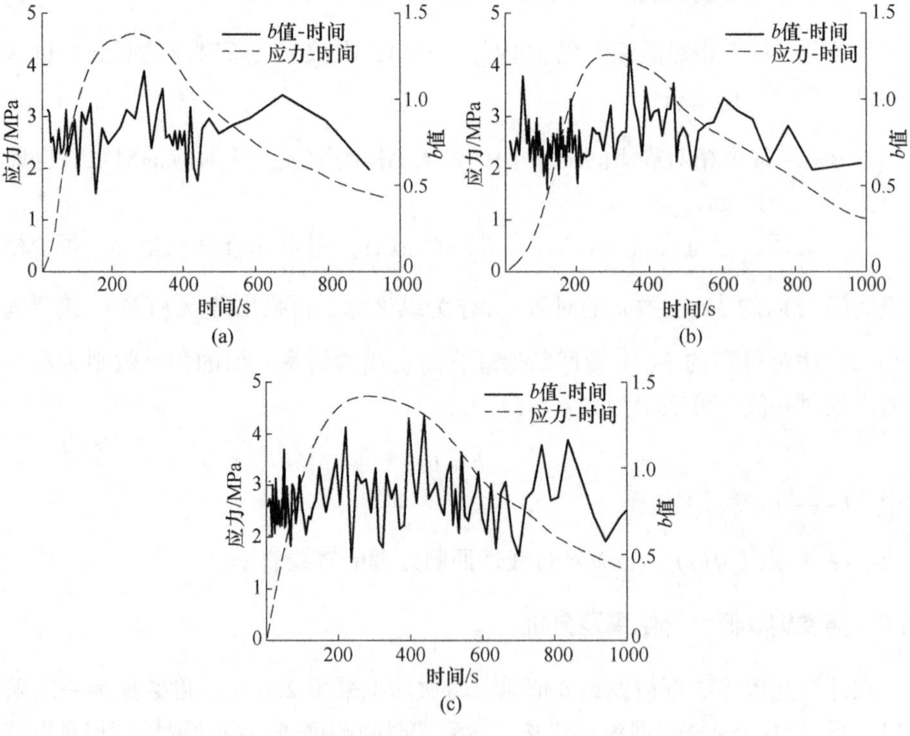

图 5-1　灰砂比 1∶4 试件声发射 b 值与应力、时间关系曲线

（a）E1 试件声发射 b 值与应力、时间关系曲线；（b）E2 试件声发射 b 值与应力、时间关系曲线；（c）E3 试件声发射 b 值与应力、时间关系曲线

步压密，其内部微裂隙扩展均以小尺度破坏为主。在进入塑性变形阶段时，E1和E2试件声发射 b 值继续上升，直到破坏阶段前期附近，声发射 b 值达到最大值1.33，说明在此之前试件也一直以小尺度破坏为主。E3试件声发射 b 值在该阶段末期突然下降至最小值，表明试件在这一阶段将以大尺度破坏为主，从室内也能看到试件表面出现了纵横交错的裂纹。随后在破坏阶段E3试件声发射 b 值在220s和400s左右出现了两次阶梯性大幅度回升，表明这一时间段内试件内部微裂纹演化较为剧烈，但在大约400s后试件声发射 b 值开始出现振荡式缓慢下降，说明试件内大尺度裂纹逐渐稳定扩展。而E1、E2试件在破坏阶段前期声发射 b 值均达到了最大值，之后再以较大的速率回落，在此期间声发射 b 值波动性较大，说明这一阶段萌生的微裂纹进一步扩展演化，而大尺度的破坏比例逐渐增大。

灰砂比1∶6的充填体声发射 b 值分析：声发射 b 值与应力、时间关系曲线如图5-2所示。由图5-2可知，F1试件在加载初期便已有较大的声发射 b 值，其上下波动幅度也较大，且在此阶段末期达到一个小峰值，表明此阶段试件内部孔隙被逐渐压密，而与此同时也有少量微小裂纹开始萌生。结合第4章相对应的声发射参数图发现在这一阶段声发射事件出现了最大值，而F2、F3试件在此阶段基本没有声发射现象产生。当进入弹性阶段时，F2、F3试件声发射 b 值在上下波动的过程中持续增大，其中F2试件声发射 b 值在这一阶段末期达到最大值1.43，说明此阶段试件内部的微裂纹开始大量孕育且发展速度较为稳定，但试件所承受的应力不足以使其内部产生较大尺寸的裂纹；而F1试件声发射 b 值先由较大值1.29减小到0.5，随后再以较快的速度增大，并在120s处达到一较大峰值1.58，表明试件内已开始产生大尺度裂纹。在塑性变形阶段并接近应力峰值这一时段，F1和F2试件声发射 b 值急剧减小至谷底，表明此阶段试件内开始以大尺度微裂纹扩展演化为主，且实验中也能清晰地在试件表面看到大尺度裂纹出现，试件已经发生严重破坏；F3试件声发射 b 值在此阶段已经处于较为稳定的上下波动状态，并呈现逐渐上升的趋势，表明试件内部小尺度和大尺度微裂纹均发生稳定的萌生和扩展，直到破坏阶段声发射 b 值仍持续增大。在峰值应力过后的破坏阶段，由于F1试件内部微裂纹再次重新调整、孕育，声发射 b 值先急剧上升至最大值1.97，随后又快速下降到一定程度，之后保持在一稳定水平内持续到试验结束；而F2试件声发射 b 值在逐渐下降至400s左右后，则一直处于较为稳定的范围内波动。

灰砂比1∶8的充填体声发射 b 值分析：声发射 b 值与应力、时间关系曲线如图5-3所示。由图5-3可知，在加载初始阶段，G1和G2试件声发射 b 值波动性不大，并在此阶段初期便达到较高水平。随着加载应力的增大，声发射 b

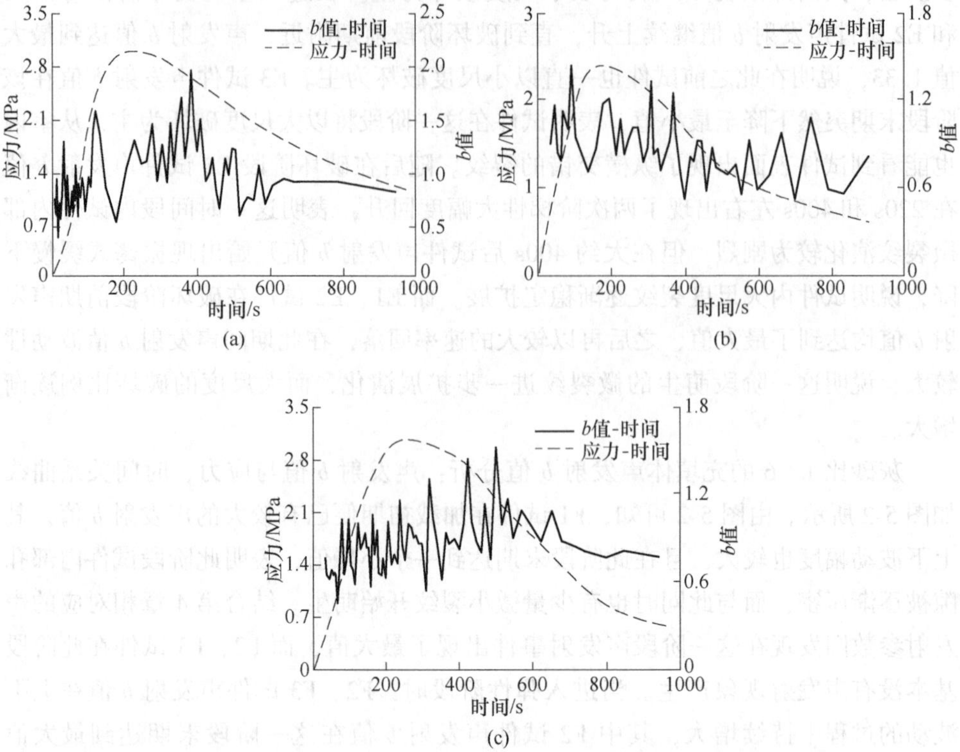

图 5-2　灰砂比 1∶6 试件声发射 b 值与应力、时间关系曲线

（a）F1 试件声发射 b 值与应力、时间关系曲线；（b）F2 试件声发射 b 值与应力、时间关系曲线；（c）F3 试件声发射 b 值与应力、时间关系曲线

值也随之增大，而在这一过程中试件内部孔隙逐渐被压密，微裂纹也逐渐萌生，总体上来说，G1、G2 试件声发射 b 值此阶段变化规律较为相似。G3 试件声发射 b 值在此阶段呈现下降的趋势，表明试件已开始产生较大尺度的微裂纹。在弹性阶段到塑性阶段时期，当 G2、G3 试件所承受的应力增大到时间分别为 80s、100s 附近时，其声发射 b 值突然降至谷底，试件内储存的能量被快速释放出来，产生了强烈的声发射信号，说明此时试件内部孔隙已基本完成压密，且试件内大尺度的微裂纹将迅速增大，从室内试验中也可观察到试件已发生部分破坏。随着试件承受的应力持续增大，G2 和 G3 试件声发射 b 值开始出现回升趋势，其原因可能是在试件能量被释放后，其内部结构发生调整，使得部分新产生的微裂纹扩展速度减慢，才出现了声发射 b 值回升的现象。继续增加荷载，直到应力峰值附近，试件声发射 b 值达到最大值，这说明此时充填体试件内已萌生了大量小尺度微裂纹，并开始向大尺度裂纹演化，此阶段 G1 试

件声发射 b 值也出现了以上类似的规律。当应力峰值过后进入失稳破坏阶段，G2、G3 试件声发射 b 值开始逐渐缓慢下降并伴随短暂小幅度的上升趋势，说明在此过程中试件内部微裂纹扩展受到阻碍，此阶段试件内部微裂纹以大尺度为主，并继而急剧演化至试件出现大面积破坏为止，G1 试件破坏后，裂纹以小尺度扩展为主，其声发射 b 值将继续逐渐增大。

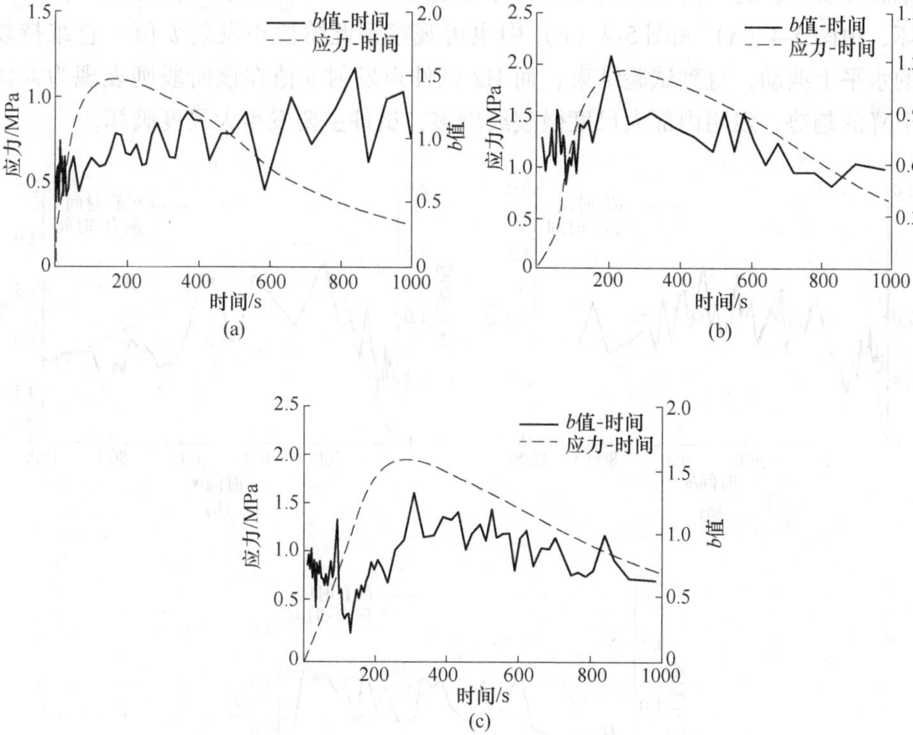

图 5-3　灰砂比 1∶8 试件声发射 b 值与应力、时间关系曲线
（a）G1 试件声发射 b 值与应力、时间关系曲线；（b）G2 试件声发射 b 值与应力、时间关系曲线；
（c）G3 试件声发射 b 值与应力、时间关系曲线

灰砂比 1∶10 的充填体声发射 b 值分析：由图 5-4 可知，充填体试件在加载初始阶段，其声发射 b 值随应力增大而增大，其原因是试件内部孔隙被压密，而 b 值上升幅度大则说明在此阶段内部孔隙被压密程度较大，从总体上看 3 个试件在这一阶段声发射 b 值变化规律大致相同。随着应力逐渐增大进入弹性阶段，H1 和 H3 试件声发射 b 值在该阶段初期开始出现回落趋势，所不同的是 H1 试件声发射 b 值回落速度比 H3 试件更快，用时更短，并在大约 130s 处达到最小值，表明此时试件内部开始萌生大量大尺度微裂纹，而这些微裂纹进行着扩展、贯通等剧烈演化，进而使得试件发生了严重的损伤破坏；H2 试件声发射 b 值在此阶段

先经历短暂时间下降，随后呈振荡式快速上升，说明这一试件此阶段内部孔隙在以较快的速度被进一步压密，而试件内部微裂纹以小尺度为主。当应力进一步增大进入塑性阶段，此阶段充填体试件声发射 b 值依然保持着持续上升的趋势，说明试件在该阶段仍以小尺度微破裂为主，从第 4 章图 4-16 的 AE 参数图也可以了解到 AE 事件率和能率在此阶段也一直维持在较低的水平上波动。在充填体试件失稳破坏阶段，这一阶段 H1、H3 试件是以内部大量小尺度裂纹贯通进一步发生破坏，由图 5-4（a）和图 5-4（c）中也可观察到此阶段声发射 b 值一直维持较高的水平上波动，直到试验结束；而 H2 试件声发射 b 值在该阶段则表现为大幅度下降的趋势，表明内部大尺度微裂纹增多，试件主要发生大尺度破坏。

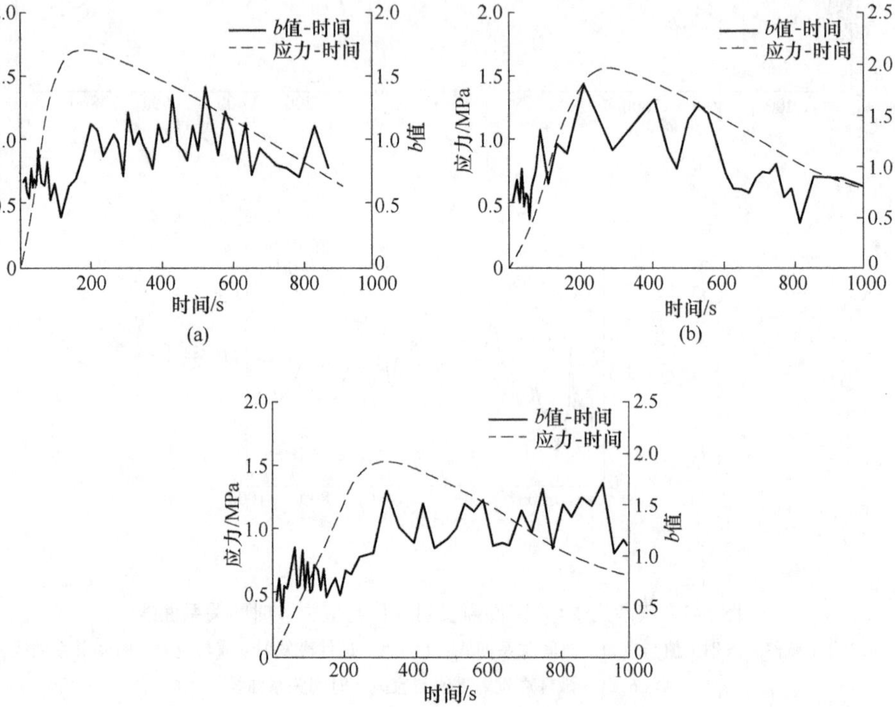

(c)

图 5-4　灰砂比 1∶10 试件声发射 b 值与应力、时间关系曲线

（a）H1 试件声发射 b 值与应力、时间关系曲线；（b）H2 试件声发射 b 值与应力、时间关系曲线；（c）H3 试件声发射 b 值与应力、时间关系曲线

本章是由料浆浓度为 72%，灰砂比分别为 1∶4、1∶6、1∶8 和 1∶10 的钽铌矿尾砂胶结充填体试件单轴压缩声发射试验得到的数据，分析研究了充填体试件的声发射 b 值特性，得到如下结论：

（1）所有充填体试件在加载压密阶段，其声发射 b 值一开始便达到较高水平，但波动性不大，此阶段试件内部主要萌生小尺度微裂纹，而声发射 b 值上升的快慢则反映了试件在这一阶段被压密的程度；在弹塑性阶段时期，试件声发射 b 值起伏波动较大，并伴有振荡性现象产生，绝大部分试件的声发射 b 值最小值或低谷也在该阶段出现，而试件内主要以大尺度微裂纹为主，且急剧扩展演化致使试件发生严重损伤破坏；在失稳破坏阶段，试件声发射 b 值基本上维持在一稳定的范围内上下波动。

（2）通过对比分析相对应的同一灰砂比充填体试件的声发射参数曲线图和声发射 b 值曲线图发现，在 AE 事件率和能率均出现峰值时间点附近，声发射 b 值则出现低谷或最小值。同时对比不同灰砂比的试件声发射 b 值发现，灰砂比大的试件总体上比灰砂比小的试件声发射 b 值波动性大，且波动频率相对也更大些，这可能与充填体试件强度有关。

5.2　尾砂胶结充填体声发射分形特征

分形这一概念起源于 20 世纪 70 年代，经过 30 多年的快速发展，分形理论逐渐被完善并广泛地运用于众多领域。但目前对于分形的准确定义，国内外许多学者对此仍存有争议。而在诸多对于分形的定义中，由 Falconer 教授给出的分形定义是被大多数人所接受的，其定义可总结为某一现象或某一集合的整体与局部之间以某种方式相似水平。分形通常具有结构自相似性和标度不变性等主要基本特点[15,16]，一般采用分形维数来表示，其中结构自相似性是指具有分形特征的事物其自身结构或某一过程中变化特征在任意的时空尺度上仍然是相似的；标度不变性是指从分形体任意位置上摘选某一微小部分，进而对其做缩小或者放大，而得到新图的形态特征仍能与原分形体保持一致。对于自然界中存在的许多复杂而无序事物的微观结构，可以利用分形理论进行定量的描述和刻画。纪洪广等人[17]给出了声发射过程关联分维函数的概念，并通过实验证明了声发射过程分形特征的存在。

姜永东等人[18]通过室内声发射试验对岩石在不同变形阶段的声发射特性进行了研究，发现岩石内部微裂纹的损伤演化具有分形特征；黄新民等人[19]采用 AE 技术监测混凝土损伤演化情况，并运用分形理论研究了混凝土在整个破坏过程中的损伤程度，得到了混凝土在不同应力水平下的 AE 分形维值变化规律；张昕等人[20]采用单轴抗压声发射试验，并结合试验过程中得到的数据对砂岩整个破裂过程进行了分析，发现这一破裂过程中其力学特性和分形特性具有一致性；裴建良等人[21]由单轴压缩声发射试验对花岗岩在破裂损伤过程中的 AE 分形特征进行了探讨，试验结果说明 AE 空间分维值很好地反映出岩样 AE 事件空间分布的复杂程度。

以上文献主要是对岩石和混凝土 AE 参数分形特征进行了研究，但对于钽铌矿尾砂胶结充填体在失稳破坏过程中的 AE 参数分形特征的研究却较为少见。基于此，本节将对不同灰砂比的充填体试件声发射参数分形特征进行研究和分析，得到了试件在整个加载应力过程中的 AE 分形特征规律。

5.2.1 分形维数的计算方法

一般常用的分形维数主要有 Hausdroff 维数、信息维数以及关联维数这三种。本节将采用关联维数对试验中得到的 AE 参数进行计算和分析。汪富泉等人[22]在其研究成果中详细地描述了如何运用 G-P 算法来计算分形关联分维数的方法。具体计算步骤如下：

首先，将已得到的试验数据中的某一时间序列数据 $\{x_i\}$ $(i=1, 2, \cdots, N)$ 嵌入到一个 m 维的欧氏空间 R^m 内，可以获得相对应的向量集 $J(m)$，而 $J(m)$ 中的各个元素可用式（5-6）来表示：

$$X_n(m, \tau) = (x_n, x_{n+\tau}, \cdots, x_{n+(m-1)\times\tau}) \quad (n=1, 2, \cdots, N_m) \tag{5-6}$$

式中，$\tau = k\Delta t$ 表示固定的时间间隔，其中 Δt 表示临近两次采样之间的时间间隔，k 表示常数。

$$N_m = N - (m-1) \times \tau \tag{5-7}$$

其次，在 N_m 中任意的选取一个参考点 $X(i)$，接着再计算剩下的 $N_m - 1$ 个点到 $X(i)$ 之间的距离，其公式见式（5-8）：

$$r_{ij} = d(X_i - X_j) = \left[\sum_{l=0}^{m-1}(x_{i+l\tau} - x_{j+l\tau})^2\right]^{1/2} \tag{5-8}$$

式中，$j = 1, 2, 3, \cdots, N_m$。

再次，对其他的 $N_m - 1$ 个点按照以上步骤进行运算，可得到关联积分函数：

$$C_m(r) = \frac{2}{N_m(N_m-1)}\sum_{i,j}^{N_m} H(r - r_{ij}) \tag{5-9}$$

式中，H 表示 Heaviside 函数，H 取值见式（5-10）：

$$H(x) = \begin{cases} 1 & (x > 0) \\ 0 & (x \leqslant 0) \end{cases} \tag{5-10}$$

当 r 足够小时，式（5-9）则逼近式（5-11）：

$$\ln C_m(r) = \ln C - D(m)\ln r \tag{5-11}$$

最后，R^m 所包含的子集 $J(m)$ 的关联维数可表示为式（5-12）：

$$D(m) = -\lim_{m\to 0}\frac{\partial \ln C_m(r)}{\partial \ln r} \tag{5-12}$$

本书将以 50 个 AE 时间序列数据为一采样单位来计算 AE 关联维数值，当有 N 个声发射时间序列数据时，那么就可以计算得到 $\widetilde{N}$ 个相对应的声发射关联分形

维值 $D_2(i)$ ，其中 $\widetilde{N}$ 可由式（5-13）来得到。

$$\widetilde{N} = fix\left(\frac{N}{50}\right) \tag{5-13}$$

式（5-13）是对 $\frac{N}{50}$ 截去尾数取整数。相邻近的两次采样的时间间隔 Δt ，取4，比例常数 k 一般在 10～20 之间选取，本书取 15。汪富泉等人[22]研究表明嵌入的维数 m 取值大小对关联维数值 D_2 影响较大，维数 m 值的大小通常由式（5-14）来确定。

$$D_2 = \lim_{m \to \infty} D(m) \tag{5-14}$$

由式（5-14）可知，当 m 值逐渐增大时，D_2 值将会趋近于一相对稳定的值，而与之对应的 m_{min} 即为本书所要选取的 m 值。因此，选择一个合适的 m 值对于计算充填体声发射关联维数值，显得尤为重要。本书将在下节对 m 值选取进行阐述。在得到 m 值以后，可依据式（5-6）再对 AE 时间序列参数进行相空间的重构，然后由式（5-8）求出相空间的各点的距离 r_{ij} ，并得出其最大值 $r_{ij}(\max)$ 以及最小值 $r_{ij}(\min)$ ，从而再由式（5-15）得到距离 r_{ij} 的步长 Δr ：

$$\Delta r = \frac{r_{ij}(\max) - r_{ij}(\min)}{k} \tag{5-15}$$

式中　Δr ——距离步长；

其他参数同式（5-8）和式（5-13）。

根据式（5-9）可计算得到相对应参数的关联积分函数；最后分别对 r_{ij} 和 $C_m(r)$ 取对数，并以 $\ln r_{ij}$ 为横坐标 $\ln C_m(r)$ 为纵坐标，通过线性拟合得到一条直线，而直线斜率则为充填体试件关联维数值 $D_2(i)$ 。

5.2.2 相空间维数及分形的确定

通过对单轴压缩下充填体失稳破坏过程中得到的 AE 参数进行计算，可绘制出如图 5-5 所示的关联分形维数 D 与相空间维数 m 之间的曲线。龚囱[23]研究表明虽然关联分形维数 D 的大小会随相空间维数 m 值发生一定的变化，但并不会对声发射参数其“自相似性”造成影响，相空间维数 m 值大小也不会对关联分形维数 D 的变化趋势产生影响，仅对关联分形维数 D 的大小有影响。本书研究的重点是关联分维值变化规律，而不是关联分维值的大小。当相空间维数在2～4 之间时，其关联分形维数 D 曲线将趋近于直线，因此本书选取相空间维数 m 值为 4。

选取在单轴压缩试验条件下不同灰砂比的充填体试件 AE 数据，计算其 AE 关联维数值，并对不同灰砂比的充填体试件在单轴受压失稳破坏过程中的 AE 振

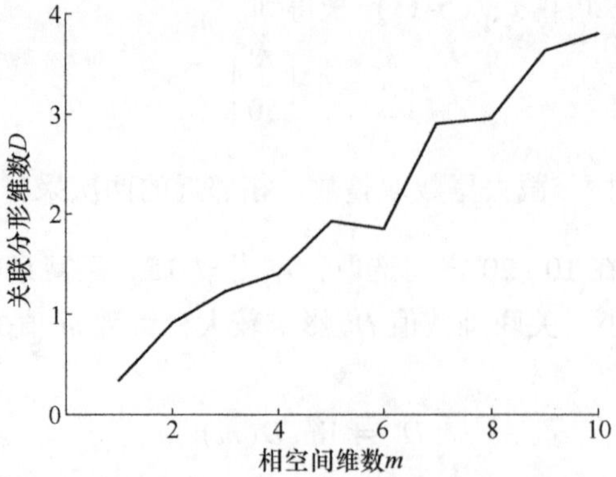

图 5-5　关联分形维数 D 与相空间维数 m 关系曲线

幅、能率是否具有分形特征进行确定。部分具有代表性的不同灰砂比充填体试件峰值应力前 AE 参数计算得出的 $\ln r$ 和 $\ln C(r)$ 关系曲线如图 5-6 所示。

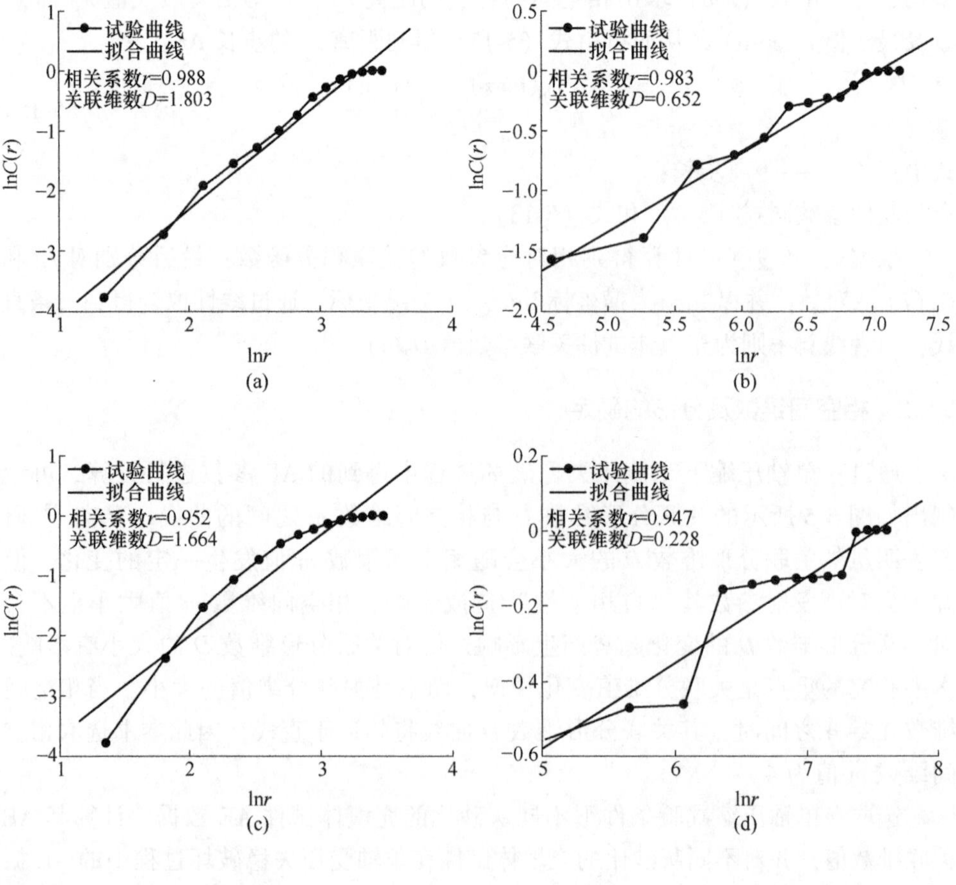

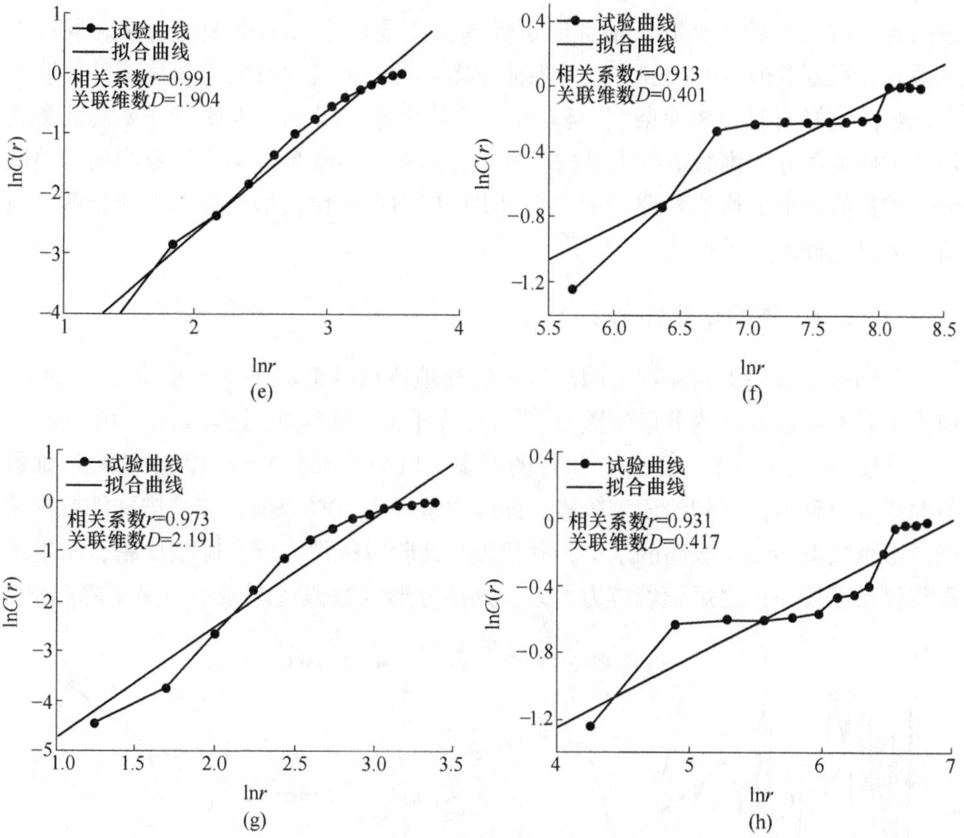

图 5-6 充填体部分试件 AE 参数 ln*r*-ln*C*(*r*) 关系曲线

(a) 灰砂比 1∶4 试件振幅 ln*r*-ln*C*(*r*) 关系曲线；(b) 灰砂比 1∶4 试件能率 ln*r*-ln*C*(*r*) 关系曲线；
(c) 灰砂比 1∶6 试件振幅 ln*r*-ln*C*(*r*) 关系曲线；(d) 灰砂比 1∶6 试件能率 ln*r*-ln*C*(*r*) 关系曲线；
(e) 灰砂比 1∶8 试件振幅 ln*r*-ln*C*(*r*) 关系曲线；(f) 灰砂比 1∶8 试件能率 ln*r*-ln*C*(*r*) 关系曲线；
(g) 灰砂比 1∶10 试件振幅 ln*r*-ln*C*(*r*) 关系曲线；(h) 灰砂比 1∶10 试件能率 ln*r*-ln*C*(*r*) 关系曲线

由图 5-6 可知，以 4 种不同灰砂比的充填体试件作为分析对象，发现以上两个声发射参数的 $\ln r$ 和 $\ln C(r)$ 曲线呈线性关系，而充填体试件声发射振幅和能率的 $\ln r$ 和 $\ln C(r)$ 的相关系数也均大于0.90，均呈现出显著的相关性。因此，表明了充填体试件在单轴压缩破坏过程中 AE 振幅和能率都具有分形特征。

5.2.3 分形维数的计算结果及分析

本书将以 50 个试验中采集到的声发射参数数据为一个单位，用于计算声发射振幅和能率关联分形维数值。当关联分形维数值不断减小，表明充填体试件 AE 过程的有序程度在逐渐提高，充填体试件在失稳破坏过程中其内部主要以大尺度破坏为主；当关联分形维数值有上升趋势时，则表明充填体试件声发射过程正向着“混沌”状态演化，而此时试件内部主要以小尺度微裂纹为主。通过以下关联分形维数值、时间和应力关系曲线图可看出，其中有的充填体试件关联分形维数曲线峰值前“密而杂”，且其变化规律也难以辨别，因此有必要对此类充填体试件关联分形维数进行求平均值处理，即对每10%的应力水平范围内的关联分形维数值做求平均值处理，从而绘制出以应力水平作为横坐标，平均分形维数值作为纵坐标的关系曲线。

5.2.3.1　振幅分形特征分析

单轴压缩条件下的4种不同灰砂比的充填体试件振幅关联分形维数值-时间-应力关系曲线以及平均分形维数值-应力百分比关系曲线如图5-7～图5-10所示。

从图5-7中的E1、E2、E3试件的振幅关联分形维数曲线以及平均分形维数值曲线可以看出，在初始压密阶段，即应力水平为20%以前，充填体试件振幅关联分形维数值均处于较高的水平，其原因是此阶段试件内部孔隙被压密，萌生的微裂纹尺度较小；之后随着应力增大，试件分形维数值逐渐减小，呈下降趋势，

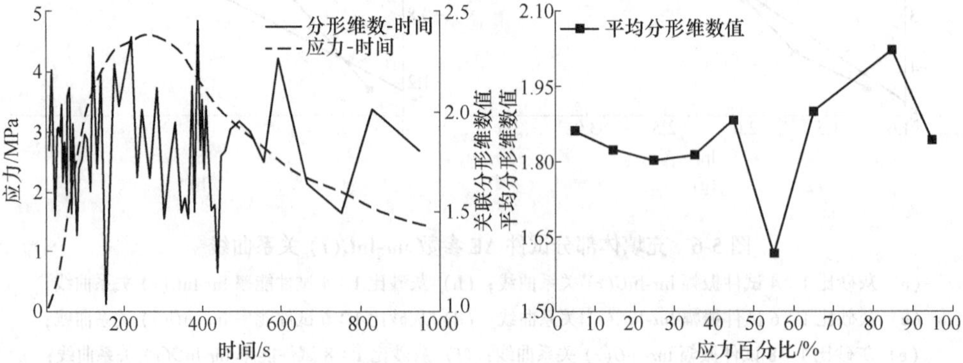

(a)

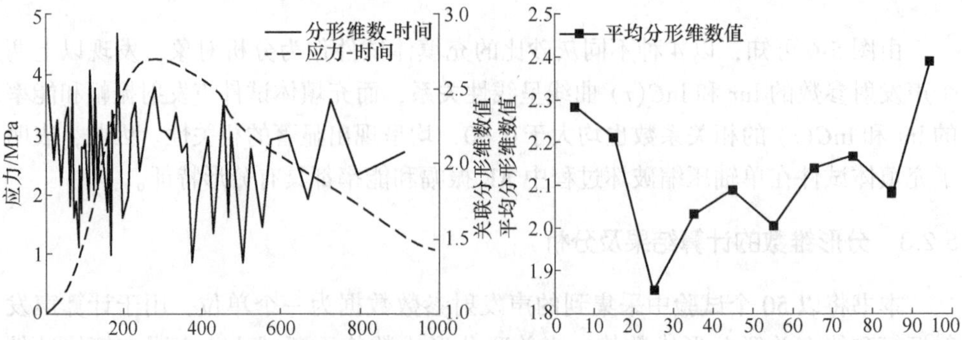

(b)

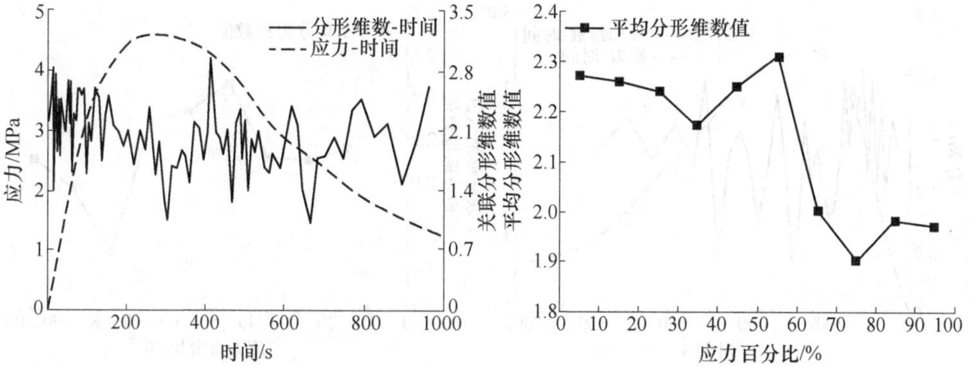

(c)

图 5-7 灰砂比 1：4 试件振幅关联分形维数曲线

（a）E1 试件；（b）E2 试件；（c）E3 试件

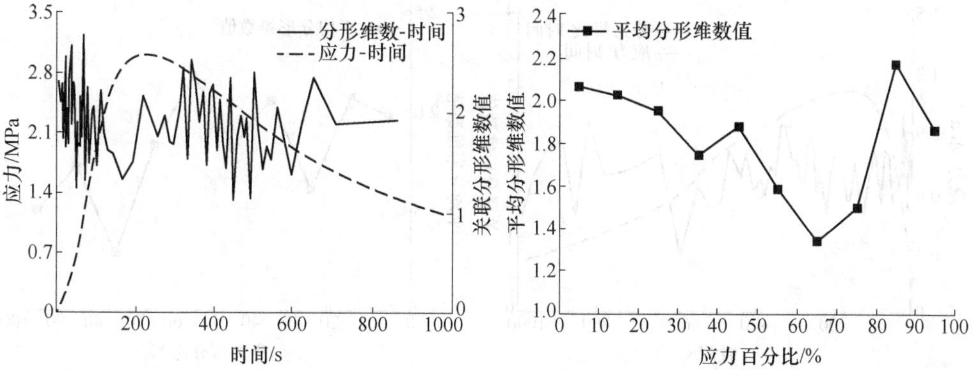

(a)

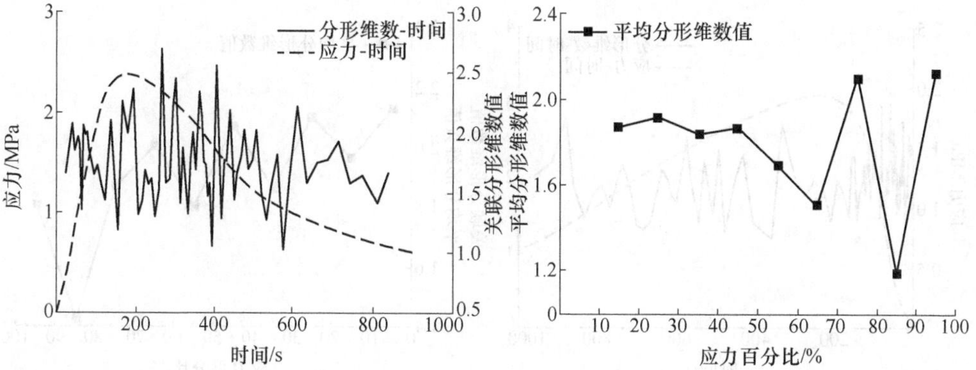

(b)

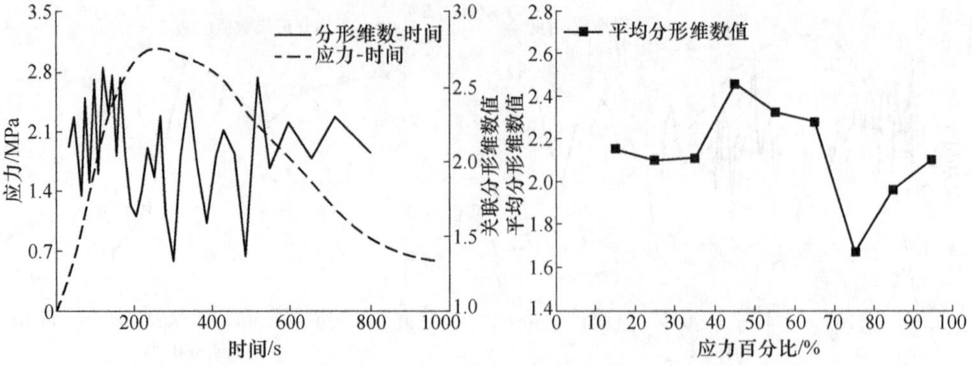

(c)

图 5-8　灰砂比 1 : 6 试件振幅关联分形维数曲线

(a) F1 试件；(b) F2 试件；(c) F3 试件

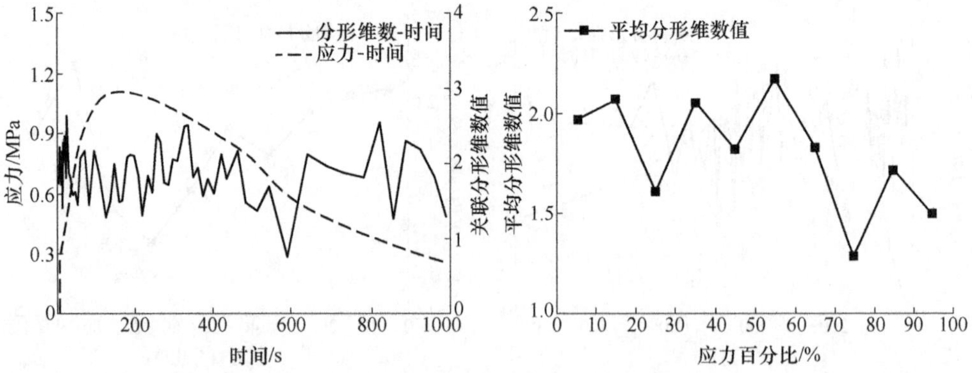

(a)

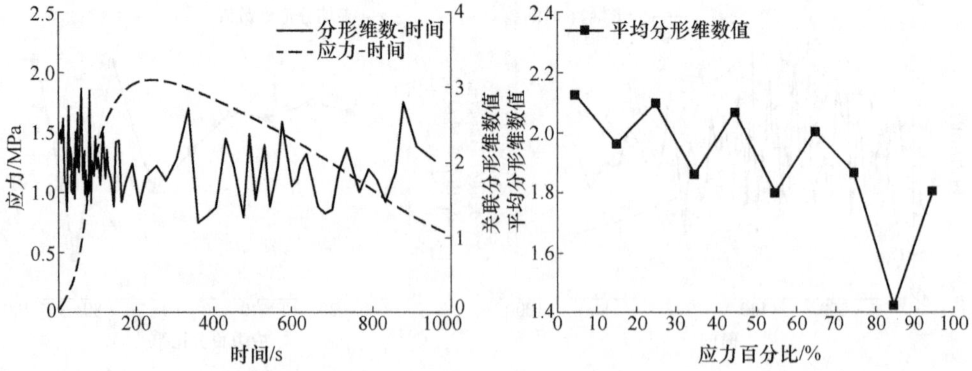

(b)

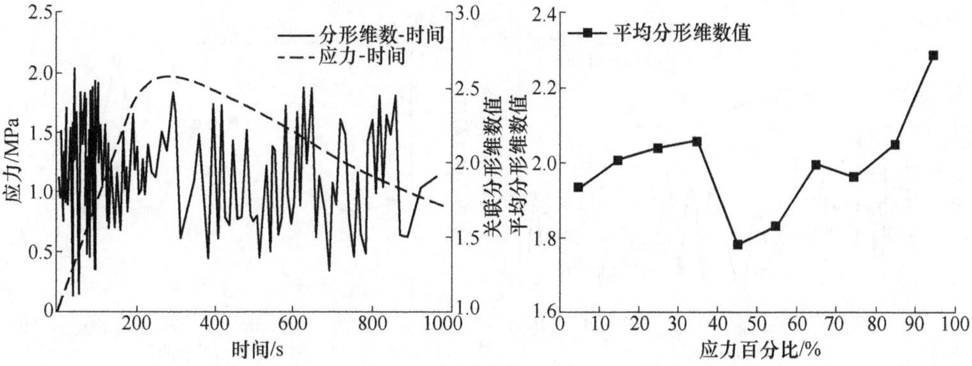

(c)

图 5-9 灰砂比 1∶8 试件振幅关联分形维数曲线
(a) G1 试件；(b) G2 试件；(c) G3 试件

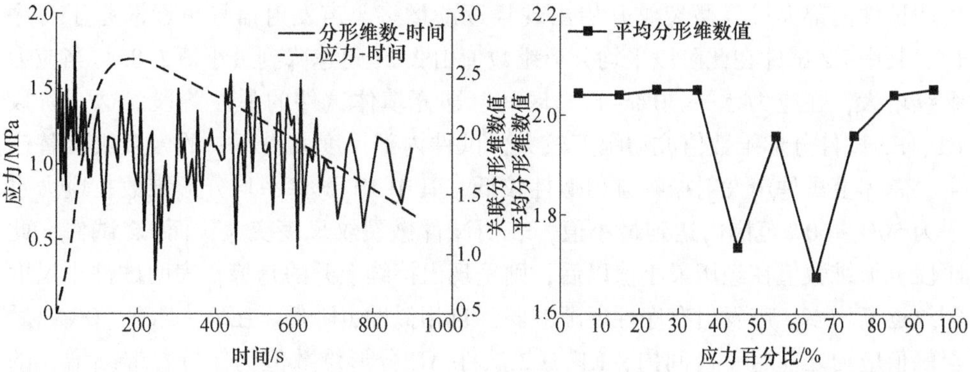

(a)

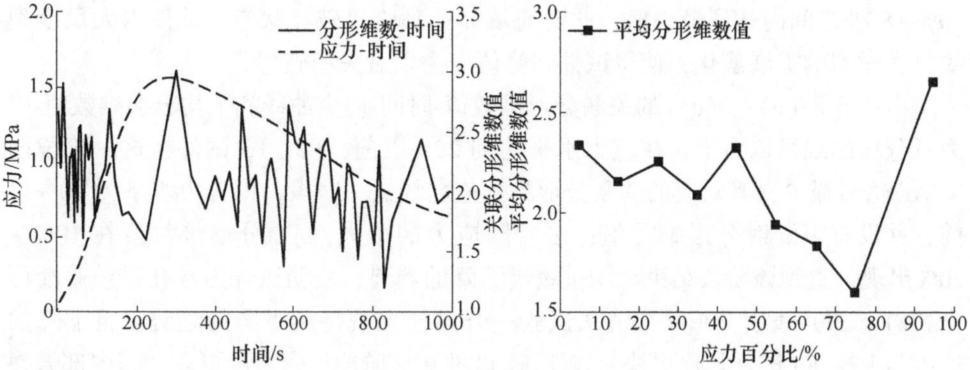

(b)

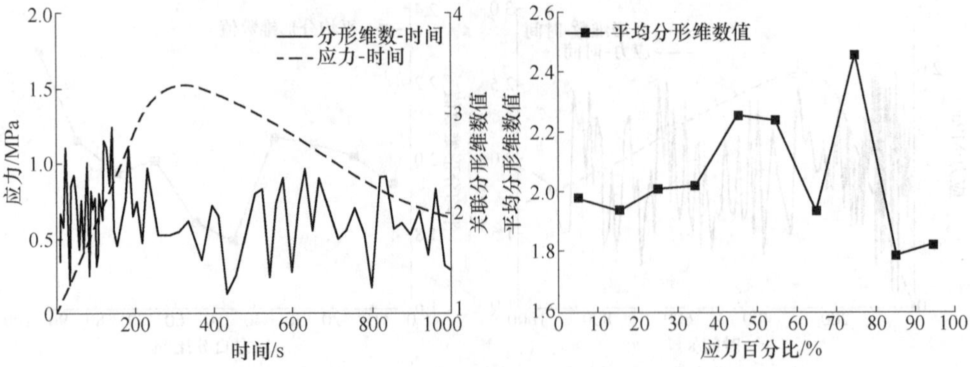

(c)

图 5-10 灰砂比 1∶10 试件振幅关联分形维数曲线

(a) H1 试件；(b) H2 试件；(c) H3 试件

表明试件内部大尺度微裂纹开始出现且逐渐增多，声发射信号也逐渐趋于有序性，其中 E2 试件在此阶段平均分形维数值由 2.21 迅速降到最小值 1.85。当应力继续增大，在应力水平 30%~60%区间，即充填体试件的弹性阶段，这一阶段 E1、E3 试件分形维数值波动幅度较大，试件内部尺度大小不一的微裂纹交替产生，总体上试件声发射振幅自相似性较低，其中 E1 试件平均分形维数在应力水平为 50%~60%范围内达到最小值，表明试件微裂纹尺度变大；而 E2 试件在此阶段分形维数值在经历最小值以后，则呈现出持续上升的趋势，表明试件小尺度裂纹逐渐增多，声发射有序性逐渐减弱，自相似性也降低。在应力水平 70%以后至峰值应力之前这一区间内，E1、E2 试件 AE 分形维数值仍保持着继续增大的趋势，表明试件内大量小尺度裂纹进一步发生扩展、贯通并演化为宏观大裂纹，致使试件出现严重破坏；E3 试件在该阶段 AE 分形维数值急剧下降并在应力水平 70%~80%之间内达到最小值，此时充填体达到临界破坏状态，试件内大尺度裂纹发生激烈的扩展演化，使得试件在峰值应力以后失稳破坏。

由图 5-8 (a)~(c) 的关联分形维数值-时间-应力曲线和平均分形维数值-应力百分比曲线可以看出，在应力水平达到 20%以前，F2、F3 试件在这一阶段前期 AE 信号极少，其对应的关联分形维数值曲线这一时段，即应力水平为 10%以前，并没有声发射分形维数值；之后随应力的增大，AE 分形维数值在 10%~20%出现，直到该阶段结束，均呈缓慢下降的趋势，表明试件内部孔隙被逐渐压密；F1 试件声发射分形维数值从试验一开始便出现持续下降的趋势，且下降的速度与 F2、F3 试件相比更快，表明 F1 试件在该阶段压密程度更高，其内部微裂纹萌生的速度也更快。随着应力继续增大，在应力水平为 30%~70%范围内，与之对应的是线弹性阶段，此阶段试件 AE 分形维数值波动性较大，F1 试件分形维数值在这一阶段内总体上呈下降趋势，只在应力水平40%左右有小幅度上升，直到60%~70%之间达到最小值，说明试件内部大尺度微裂纹逐渐增多，且所占比例也增大，AE信号有序性和自相似性也逐步增强；而F2、F3试件分形维数值在此阶段变化较为复杂，试件内部尺度不同的微裂纹交替产生，使得AE振幅自相似性降低。在应力水平为80%~90%和70%~80%之间，F2、F3试件分形维数值均分别达到最小值，表明此时充填体试件内部已产生了大尺度宏观裂纹，预示试件即将发生严重破坏；而后试件分形维数值回升，说明试件大尺度裂纹进一步扩展贯通，直到试件完全破坏。

由图5-9可以看出，G1、G2试件分形维数值在应力水平为60%以前，其上下波动的幅度较有规律，总体上呈缓慢上升或缓慢下降的趋势，说明G1试件在这一应力水平内声发射信号有序性逐渐降低，自相似性也变弱，试件内尺度大小不一的微裂纹不断产生，使得试件出现了一小部分微破裂；与之相反G2试件在这一应力水平内AE分形维数值有序性逐渐增强，其自相似性也得到提高，试件内部大小尺度不同的微裂纹交替产生，但主要是以大尺微裂纹为主，并且随着时间的推移大尺度微裂纹所占的比例逐渐增大；G3试件在应力水平30%以前，其声发射分形维数值逐渐缓慢增大，说明试件内部微裂纹在此阶段主要以小尺度为主，且微裂纹的萌生和扩展较为稳定，之后声发射分形维数值突然急剧下降，直到应力水平40%~50%内达到最小值，表明试件内部出现了突发性大破裂裂纹，而其声发射的有序程度和自相似性也在较短的时间内急速增强。G1和G2试件在应力水平60%到应力峰值之间，声发射分形维数值均呈现急剧下降的趋势，并在此阶段达到最小值，说明试件内微裂纹进一步发生扩展、贯通形成宏观裂纹；G3试件分形维数值在达到最小值以后，便一直表现为持续上升的趋势，试件声发射信号由有序逐渐向无序性转变，其自相似性也逐渐减弱，充填体内部微裂纹不断进行扩展、延伸、贯通使得充填体最终完全破坏。G1、G2试件分形维数值在达到最小值以后，所经历的过程与G3试件相似。

由图5-10可知，灰砂比为1：10的3个充填体试件AE分形维数值在应力水平为20%以前均呈现下降趋势，所不同的是下降的快慢程度有所区别。H1试件分形维数值下降得更慢些，而H3试件则下降得更快，这可能与试件内部被压密程度有关，分形维数值下降表明试件内部有大尺度的微裂纹产生，此时试件将产生微小损伤。之后H1试件在应力水平为30%~70%内分形维数值出现“下降-上升”反复波动，且波动很大，但总体上试件分形维数值呈下降趋势，且AE有序性也得到提高，分形维数在这阶段出现了最小值，表明试件即将发生破坏。H2试件分形维数值在这一应力水平内一直保持持续下降的趋势并在应力水平为70%~80%内达到最小值，说明AE分形维数值在这一过程中，AE有序性和自相似性都得到了极大的提高，试件内大尺度微裂纹逐渐增多，且这些微裂纹不断发生扩展、贯通，从而导致试件破坏。H3 试件分形维数值在这一应力水平内则表现为上升趋势，表明试件内主要是小尺度微裂纹，声发射信号有序性较弱。在应力水平 70%以后，H1、H2 试件分形维数值又快速回升，试件内不同尺度裂纹继续扩展、贯通，且大尺度裂纹所占的比例逐渐增大，使得试件完全失稳破坏；H3 试件在此阶段分形维数值由最大值急剧下降到最小值，表明试件内大尺度微裂纹发展极为迅速，且裂纹的扩展、贯通演化过程发生得极为剧烈，预示着试件即将发生破坏。

综合以上对灰砂比不同的试件在单轴压缩条件下声发射振幅分形特征分析可发现：在应力水平 20%以前，灰砂比不同的试件声发射分形维数值基本为缓慢下降的趋势；在应力水平 30%~90%范围内声发射分形维数值起伏波动幅度较大，但总体上仍呈下降的变化趋势；且大部分试件的振幅分形维数最小值集中在应力水平为 70%~90%区间内；在试件发生失稳破坏后，声发射振幅分形维数值又再次出现了回升现象。

5.2.3.2　能率分形特征分析

单轴压缩条件下的 4 种不同灰砂比的充填体试件能率关联分形维数值-时间-应力关系曲线以及平均分形维数值-应力百分比关系曲线如图 5-11~图 5-14 所示。

由图 5-11 可知，在应力水平 20%以前，试件 AE 分形维数值总体呈下降趋势，此阶段主要是以试件内部孔隙压密为主，并伴有小尺度微裂纹的产生和扩展，之后随着应力增大，E2 试件 AE 分形维数值继续减小，直到应力水平 40%~50%才停止减小并达到最小值。由此可知，试件内部大尺度微裂纹在这一过程中大量产生并急剧演化宏观裂纹，声发射能率的有序程度得到极大的提高，其自相似性也得到增强。E2、E3 试件在应力水平 20%~70%这一段区间内，两试件声发射分形维数值变化趋势基本相同，均为先上升再突然快速下降，波动幅度相对较大，表明试件内产生了尺度大小不一以及突发性的微裂纹，试件声发射信号也

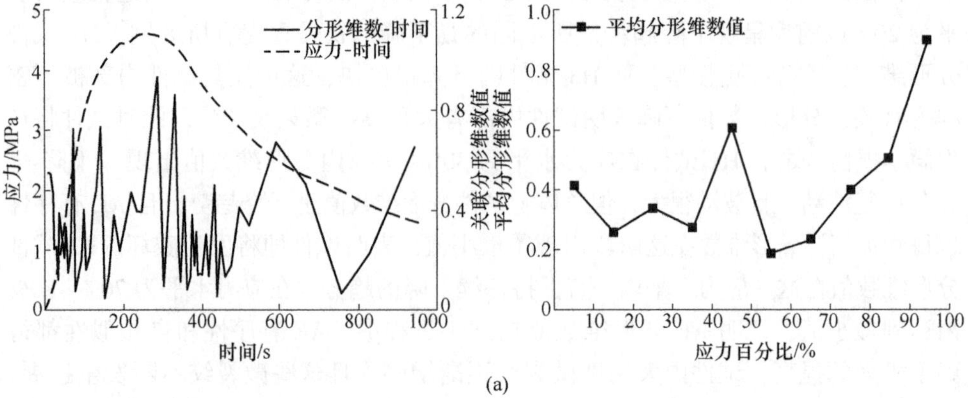

(a)

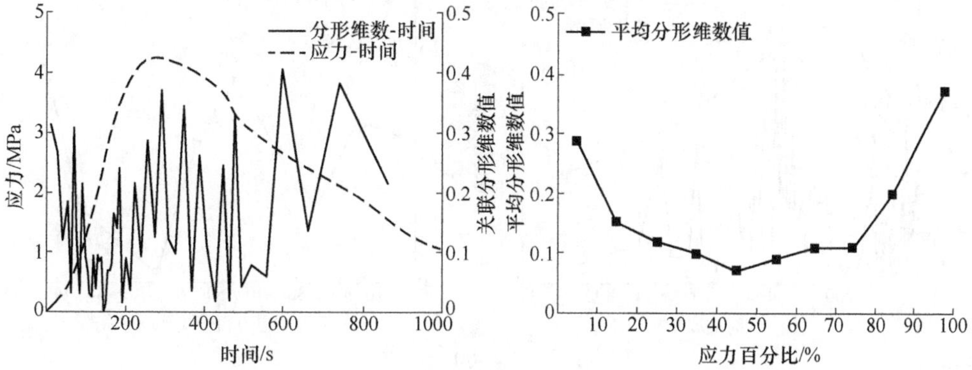

(b)

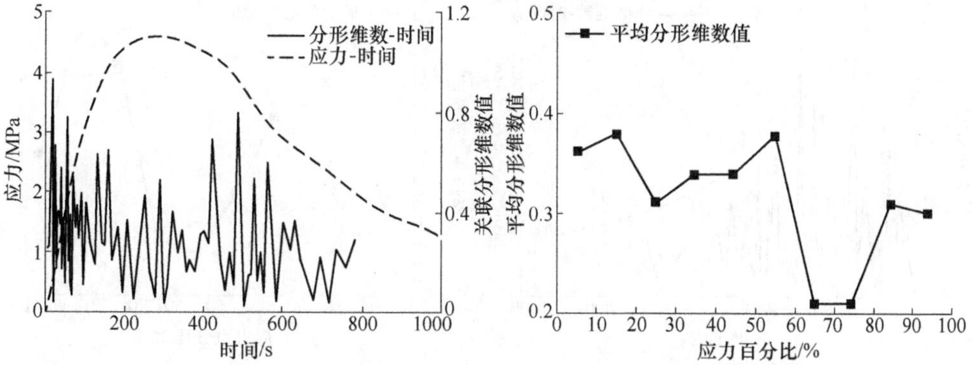

(c)

图 5-11 灰砂比 1：4 试件 ER 关联分形维数曲线

（a）E1 试件；（b）E2 试件；（c）E3 试件

由无序向有序增强。在此阶段后期分形维数值下降也说明了这一时段试件内部有大量大尺度的微裂纹产生，而这些无序的裂纹经过扩展、汇合最终有序地形成了宏观大裂纹，从而使得试件发生损伤破坏。随着应力进一步增大，在应力水平60%以后声发射分形维数值出现了回升趋势，试件内微裂纹继续扩展延伸，与此同时小尺度微裂纹又开始大量萌生，AE 能率的自相似性逐渐减弱。

由图 5-12 中应力-时间-关联分形维数值曲线和平均分形维数值-应力百分比曲线可知，F2、F3 试件在初始加载阶段前期未发现声发射活动现象产生，在应力水平为 10%以前也没有声发射分形维数值出现。随着应力逐渐增大，试件关联分形维数值由较低的水平快速增大到一个小峰值或最大值，在这一时段内试件内部孔隙被逐渐压密，且以小尺度微裂纹萌生为主，AE 能率的有序性较低。F1 试件在应力水平 20%之前，其分形维数值先经历短暂的上升时期，然后又快速下降到一“次波谷”，表明试件内尺度不同的微裂纹已开始交替产生，AE 分形维数值变化较为复杂。随着应力继续增大，F1、F2 试件在之后的试验过程中声发射

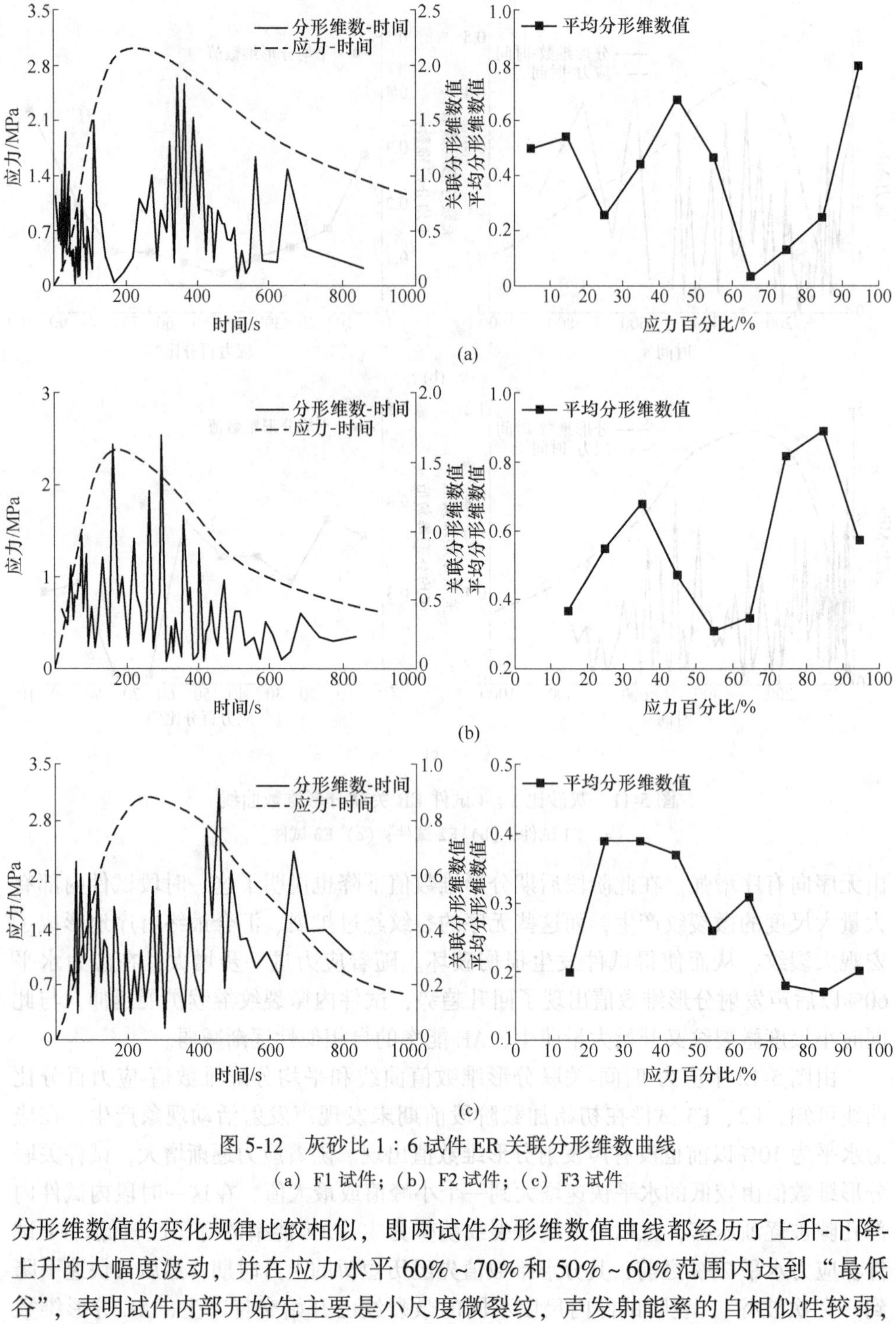

图 5-12　灰砂比 1∶6 试件 ER 关联分形维数曲线

（a）F1 试件；（b）F2 试件；（c）F3 试件

分形维数值的变化规律比较相似，即两试件分形维数值曲线都经历了上升-下降-上升的大幅度波动，并在应力水平 60%～70% 和 50%～60% 范围内达到“最低谷”，表明试件内部开始先主要是小尺度微裂纹，声发射能率的自相似性较弱，之后在应力水平 40%～60% 区间内，试件内的微裂纹主要是大尺度微裂纹，且这些大尺度微裂纹继续不断扩展、汇聚、贯通，从而在试件表面形成完整的破裂面，使充填体试件发生破坏。F3 试件在应力水平 20%以后，其 AE 分形维数值总体上呈下降趋势，表明试件内主要是大尺度微裂纹，并且大裂纹所占比例越来越大，声发射的有序性和自相似性也随着应力的增大而逐渐增强。

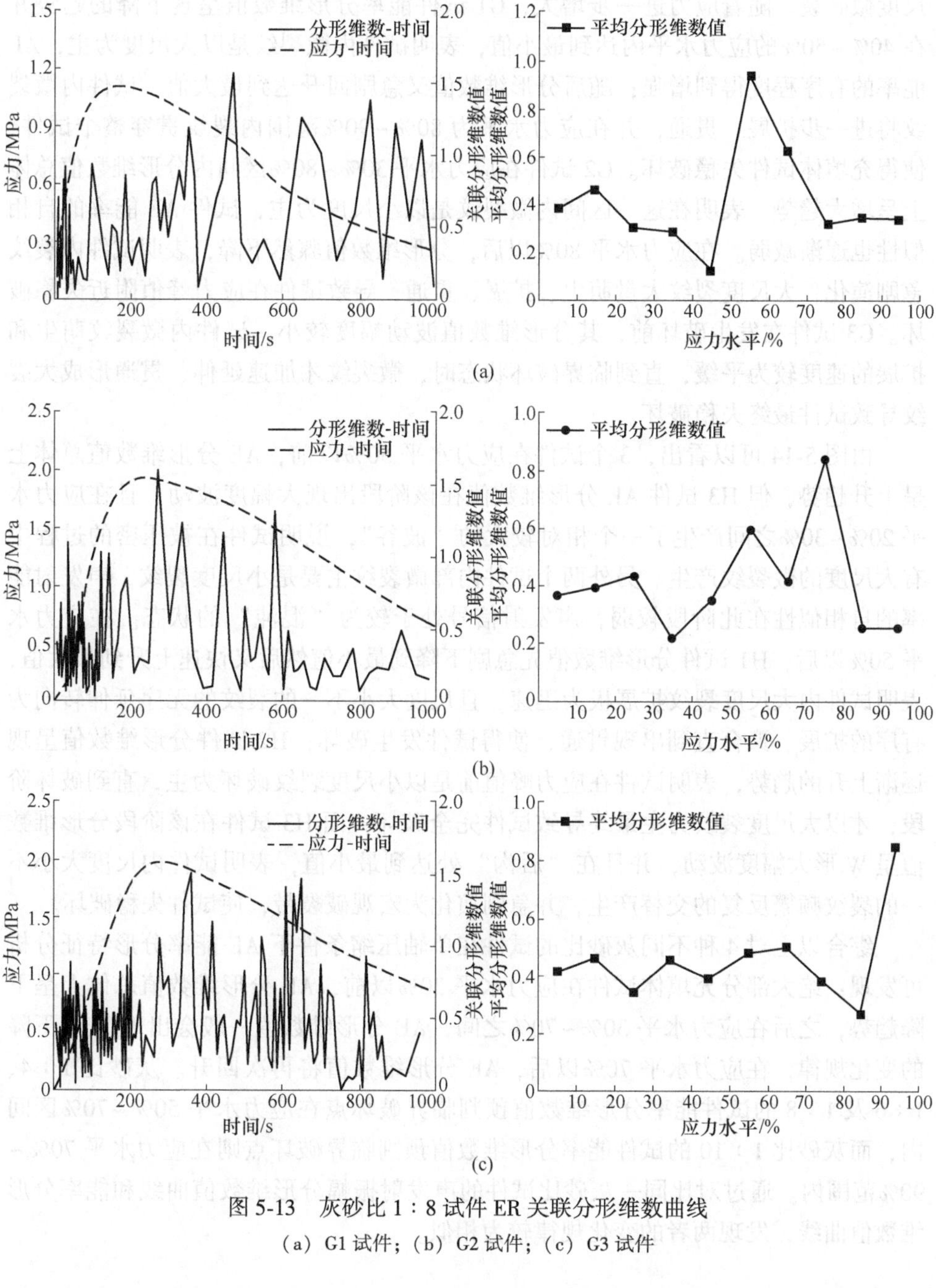

图 5-13　灰砂比 1∶8 试件 ER 关联分形维数曲线

（a）G1 试件；（b）G2 试件；（c）G3 试件

通过分析图 5-13 的应力-时间-关联分形维数值曲线和平均分形维数值-应力水平曲线可知，G1、G2、G3 试件在加载压密阶段前期，声发射分形维数值一开始便处于较低水平上，之后随着应力的增大，分形维数值发生小幅度波动，AE 能率的自相似性较弱，试件内部微裂纹的萌生和扩展较为缓慢，且主要是发生小尺度微破裂。随着应力进一步增大，G1 试件能率分形维数值呈现下降的趋势并在 40%~50%的应力水平内达到最小值，表明试件内微裂纹是以大尺度为主，AE 能率的有序程度得到增强；随后分形维数值又急剧回升达到最大值，试件内微裂纹将进一步扩展、贯通，并在应力水平为 80%~90%范围内裂纹贯穿整个试件，使得充填体试件失稳破坏。G2 试件在应力水平 30%~80%区间内分形维数值总体上呈增大趋势，表明在这一区间内微裂纹是以小尺度为主，试件 AE 能率的自相似性也逐渐减弱。在应力水平 80%以后，分形维数值骤然下降，表明试件内裂纹急剧演化，大尺度裂纹大量萌生、扩展、贯通，导致试件在应力峰值附近失稳破坏。G3 试件在发生破坏前，其分形维数值波动幅度较小，试件内微裂纹萌生和扩展的速度较为平缓，直到临界破坏状态时，微裂纹才加速延伸、贯通形成大裂纹导致试件最终失稳破坏。

由图 5-14 可以看出，3 个试件在应力水平 50%以前，AE 分形维数值总体上呈上升趋势，但 H3 试件 AE 分形维数值在该阶段出现大幅度波动，且在应力水平 20%~30%之间产生了一个相对较大的“波谷”，说明试件在被压密的过程中有大尺度的微裂纹产生。另外两个试件内部微裂纹主要是小尺度裂纹，声发射能率的自相似性在此阶段较弱，声发射信号处于较为“混沌”的状态。在应力水平 50%以后，H1 试件分形维数值先急剧下降到最小值然后又快速上升到最大值，表明试件内大尺度裂纹扩展极为迅速，且尺度大小不一的裂纹的无序延伸转向为有序的扩展、聚合直到出现贯通，使得试件发生破坏；H2 试件分形维数值呈现逐渐上升的趋势，表明试件在应力峰值前是以小尺度裂纹破坏为主，直到破坏阶段，才以大尺度裂纹为主最终导致试件完全破坏；而 H3 试件在该阶段分形维数值呈 W 形大幅度波动，并且在“后沟”处达到最小值，表明试件内尺度大小不一的裂纹频繁反复的交替产生，并急剧演化为宏观破裂带，使试件失稳破坏。

综合以上对 4 种不同灰砂比的试件在单轴压缩条件下 AE 能率分形特征分析可发现：绝大部分充填体试件在应力水平 30%以前，AE 分形维数值总体上呈下降趋势，之后在应力水平 30%~70%之间，AE 分形维数值一般会出现上升-下降的变化规律，在应力水平 70%以后，AE 分形维数值将再次回升。灰砂比 1∶4、1∶6 及 1∶8 的试件能率分形维数值预判临界破坏点在应力水平 50%~70%区间内，而灰砂比 1∶10 的试件能率分形维数值预判临界破坏点则在应力水平 70%~90%范围内。通过对比同一灰砂比试件的声发射振幅分形维数值曲线和能率分形维数值曲线，发现两者的变化规律较为相似。

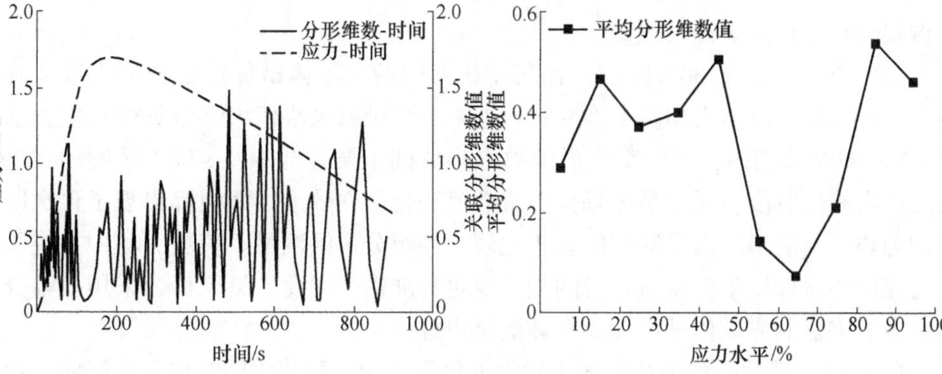

(a)

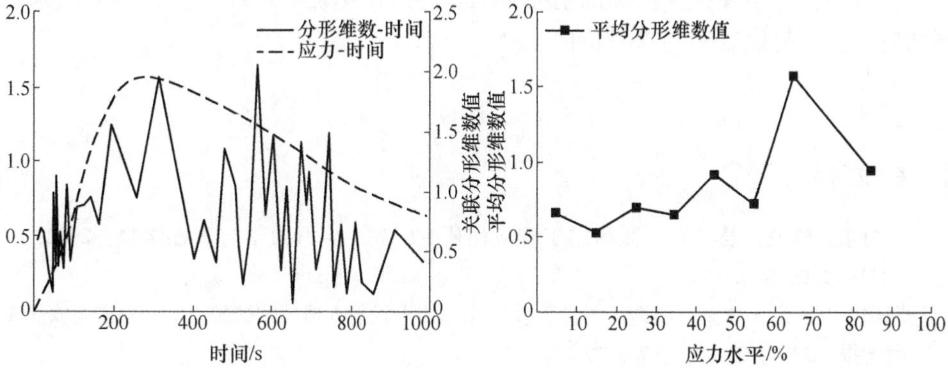

(b)

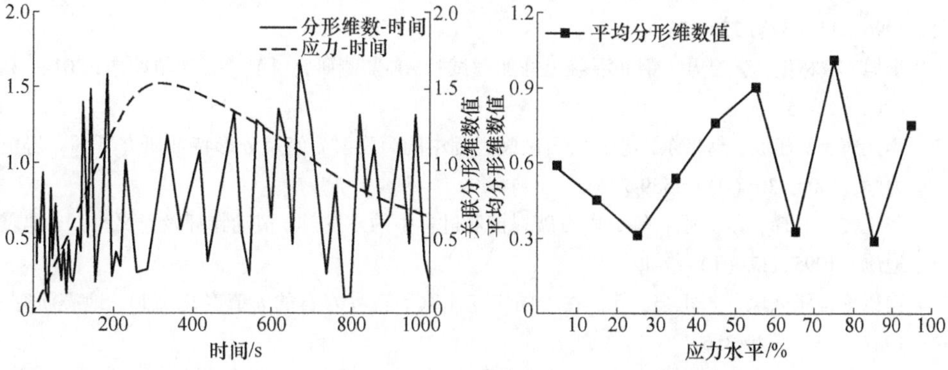

(c)

图 5-14　灰砂比 1∶10 试件 ER 关联分形维数曲线

(a) H1 试件；(b) H2 试件；(c) H3 试件

通过对料浆浓度 72%，灰砂比为 1∶4、1∶6、1∶8 和 1∶10 的钽铌矿尾砂胶结充填体开展单轴压缩试验所得的声发射分形特征进行研究，得到如下结论：

(1) 不同灰砂比的充填体试件在失稳破坏过程中，其声发射能率与振幅的

$\ln r$ 和 $\ln C(r)$ 相关系数均在 0.90 以上，这表明试件在破坏过程中的能率分形特征和振幅分形特征显著性较强。

(2) 在应力水平 30%以前，各灰砂比不同的充填体试件振幅分形维数值和能率分形维数值总体上均呈下降趋势；振幅分形维数最小值大部分集中在应力水平 70%~90%范围内，而能率分形维数最小值则主要是在 60%~90%区间中；在接近应力峰值阶段，无论是振幅分形维数值还是能率分形维数值都出现了再次回升的趋势。与能率分形维数值曲线相比较，振幅分形维数最小值更为集中，说明其对充填体试件发生失稳破坏时的判定也更为准确。因此，笔者认为采用振幅分形维数值来监测充填体试件失稳破坏效果更好。

(3) 结合试件失稳破坏时的声发射 b 值和分形维数值均同时出现下降的变化趋势，可用作充填体损伤破坏的前兆依据，为采用钽铌矿尾砂胶结充填矿山采空区的安全监测提供现实的参考价值。

参 考 文 献

[1] 赵向东，陈波，姜福兴．微地震工程应用研究 [J]. 岩石力学与工程学报，2002，21 (Z2)：2609-2612.

[2] 龚囱，李长洪，赵奎．加卸荷条件下胶结充填体声发射 b 值特征研究 [J]. 采矿与安全工程学报，2014，31 (5)：788-794.

[3] 董毓利，谢和平，赵鹏．砼受压全过程声发射 b 值与分形维数的研究 [J]. 实验力学，1996，11 (3)：272-276.

[4] 李旭，霍林生，李宏男．钢筋混凝土柱加载试验 AE 监测研究 [J]. 振动与冲击，2014，33 (20)：12-15.

[5] 李元辉，刘建坡，赵兴东，等．岩石破裂过程中的声发射 b 值及分形特征研究 [J]. 岩土力学，2009，30 (9)：2559-2563.

[6] 曾正文，马瑾，刘力强，等．岩石破裂扩展过程中的声发射 b 值动特征及意义 [J]. 地震地质，1995，17 (1)：7-12.

[7] 赖德伦，张来凤，付祖强，等．在不同应变速率下三种岩石的 b 值变化 [J]. 地震研究，1987，(3)：349-356.

[8] 刘文德，朱星，许强，等．单轴压缩下岩石声发射及其分形特征 [J]. 水利水电技术，2017，48 (9)：181-185.

[9] Zhao Kang, Guo Zhongqun, Zhang Youzhi. Dynamic Simulation Research of Overburden Strata Failure Characteristics and Stress Dependence of Metal Mine [J]. Journal of Disaster Research, 2015, 10 (2): 231-237.

[10] 石本已四雄，饭田汲事．微動计にする地震观测 [J]. 地震研究所汇报，1939，17 (1)：443-478.

[11] Gutenberg B, C F Richter. Seismicity of the Earth [J]. Geol. Soc. America Bull. 1942, 32: 163-191.

[12] 杜异军，马开谨．“入”字式断层声发射 b 值及震级—频度关系的物理意义 [J]. 地震地质，1988，8（2）：1-10.

[13] 方亚如，蔡戴恩，刘晓红，等．含水岩石破裂前的声发射 b 值变化 [J]. 地震，1986（2）：3-8.

[14] 孙文福，顾浩鼎．怎样正确计算 b 值 [J]. 东北地震研究，1992，8（4）：13-27.

[15] 谢和平，薛秀谦．分形应用中的数学基础与方法 [M]. 北京：科学出版社，1997.

[16] Falconer K J. The Hausdorff dimension of self-affine fractals [J]. Mathematical Proceedings of the Cambridge Philosophical Society, 1988, 103 (2): 339-350.

[17] 纪洪广，王基才，单晓云，等．混凝土材料声发射过程分形特征及其在断裂分析中的应用 [J]. 岩石力学与工程学报，2001，20（6）：801.

[18] 姜永东，鲜学福，尹光志，等．岩石应力应变全过程的声发射及分形与混沌特征 [J]. 岩土力学，2010，31（8）：2413-2418.

[19] 黄新民，彭跃社．混凝土损伤的声发射特征分形分析 [J]. 动力学与控制学报，2008，6（3）：274-277.

[20] 张昕，付小敏，沈忠，等．单轴压缩下砂岩声发射及分形特征研究 [J]. 中国测试，2017，43（2）：13-19.

[21] 裴建良，刘建锋，张茹，等．单轴压缩条件下花岗岩声发射事件空间分布的分维特征研究 [J]. 工程科学与技术，2010，42（6）：51-55.

[22] 汪富泉，罗朝盛，陈国先．G-P 算法的改进及其应用 [J]. 计算物理，1993，10（3）：345-351.

[23] 龚囱．循环加卸载条件下充填体损伤与声发射特性研究 [D]. 赣州：江西理工大学，2011.

6 钽铌矿尾砂胶结充填体损伤力学特性

材料内存有的诸多缺陷，如微孔洞、微裂隙等，损伤指的是随应力的逐渐增大，使得这些微小缺陷萌发、扩展、聚合和贯通等损伤演化过程。损伤力学是一门具有潜力的固体力学分支，也是断裂力学重要补充[1]。它系统地对含有缺陷的固体材料在受载荷作用下其内部结构中的应力分布和力学特性进行研究，并分析固体材料内微缺陷在外部载荷作用条件下的损伤发展演化规律。损伤力学主要是探讨固体材料内部结构发生损伤直至完全破坏的整个演化过程，从细观上来说，也是材料内部微裂纹发生萌生、延伸、汇聚直到形成主裂纹贯穿整个材料，导致其完全破坏的过程。

充填体力学特性实验对于充分了解充填体内部结构及其稳定性有着重要作用，然而对于充填体在受外部载荷作用时，其内部裂纹的萌生、扩展、贯通直至充填体发生破坏的过程却难以描述。自 20 世纪发展以来，对于充填体力学特性的探讨，海内外学者已由宏观尺度研究转向于细微观尺度，从而构建了一些较为有用的充填体失稳破坏的数值模型[2,3]。但是所建立的这些数值模型仍然不够完善，因此，应该由充填体微观结构入手，通过运用弹性损伤理论知识来构建能够描述微观单元的本构关系以及充填体的数值模型，并以此为基础来对充填体变形破坏过程尝试建立数值模拟并根据结果对充填体的损伤情况进行有效判定和评价，也对降低矿山充填区内的工程地质灾害有积极的参考意义。

在目前所公开的文献资料中，关于不同灰砂比对钽铌矿尾砂胶结充填体影响的研究较为少见，尤其是不同灰砂比对钽铌矿尾砂胶结充填体损伤演化方面的研究则更为鲜有报道。基于此，本书作者在前人研究的基础上，通过对不同灰砂比的钽铌矿尾砂胶结充填体进行单轴压缩力学试验，分析试验中测得的应力-应变关系曲线，得到钽铌矿尾砂胶结充填体在应力作用下不同阶段力学特性，构建钽铌矿尾砂胶结充填体损伤演化方程与本构方程模型，并对钽铌矿尾砂胶结充填体在单轴压缩试验下损伤破坏特性进行较为深入的探讨，这对矿山使用钽铌矿尾砂胶结充填采空区保障采矿结构安全有一定的理论指导意义和工程应用价值。

6.1 不同灰砂比尾砂胶结充填体损伤特性

6.1.1 不同灰砂比尾砂胶结充填体损伤模型

因固体材料内部损伤在演化过程中，实际承受压力的面积测量难度较大。因此，只能通过间接的方法来测定。基于此，本书引入 Lemaitre[4] 提出的应变等价原理来进行研究，即当应力作用在受损固体材料时，有效应力和应变作用于无损固体材料上所引起的应变是等价的。因此，受损固体材料的损伤模型可由无损固体材料的名义应力来求得。

结合以上原理，将钽铌矿尾砂充填体视为各向同性连续介质，并在一维弹性条件下，由有效应力和应变之间的关系 $\sigma = E\varepsilon$ ，可以建立损伤本构的基本关系模型[5]：

$$\sigma = E\varepsilon(1 - D) \tag{6-1}$$

式中 σ——充填体有效应力；

E——充填体弹性模量；

ε——充填体应变值；

D——充填体损伤变量；其中，当 $D = 0$ 时，即充填体处于无损伤状态，当 $D = 1$ 时，即充填体处于完全破坏状态。

由单轴压缩试验下得到的钽铌矿尾砂胶结充填体应力-应变关系曲线（见图 2-7），在充填体试件所承受的应力未达到峰值应力 σ_p 之前，当 $\varepsilon \leqslant \varepsilon_p$（$\varepsilon_p$ 为充填体峰值应力对应的应变值）时充填体试件未发生破坏。该阶段曲线近似于接近直线，可知，充填体试件内部结构中仅在小范围内产生了微小裂隙，而宏观上未出现裂纹。因此可设损伤值 D[6] 的公式为：

$$D = A\varepsilon^{\beta} \tag{6-2}$$

式中 A，β——常数，且均大于零。

结合式（6-1）与式（6-2）可得到钽铌矿尾砂胶结充填体试件峰值应力前的损伤本构方程：

$$\sigma = E\varepsilon - EA\varepsilon^{\beta+1} \tag{6-3}$$

由尾砂胶结充填体应力-应变关系曲线在试件破坏后的特征可知，可使用 Weibull 统计分布的密度函数来进行描述[7,8]，因充填体强度 σ 也服从 Weibull 分布，由式（6-2）可知 σ 和 D 存在着相关联系，因此尾砂胶结充填体损伤值 D 也能够用 Weibull 统计分布的密度函数来进行描述。再根据尾砂胶结充填体损伤值 D 和单轴抗压强度 σ 的 Weibull 统计分布即可得出损伤值 D 的统计方程公式：

$$D = 1 - \exp\left[-\left(\frac{\varepsilon}{n}\right)^{m}\right] \tag{6-4}$$

式中 ε——应变值；

m——Weibull 统计分布形状参数；

n——Weibull 统计分布的标度参数（其中 n 和 m 均大于 0）。

将式（6-4）代入到式（6-1）中可整理得出充填体应力峰值后的本构方程公式：

$$\sigma = E\varepsilon\exp\left[-\left(\frac{\varepsilon}{n}\right)^m\right] \tag{6-5}$$

由钽铌矿尾砂胶结充填体试件单轴压缩试验下得到的应力-应变关系曲线可知，其在应力峰值 σ_p 时，充填体损伤本构方程的几何边界条件为：

$$\left.\begin{aligned} \varepsilon = \varepsilon_p,\ \sigma = \sigma_p \\ \varepsilon = \varepsilon_p,\ \sigma_p/\varepsilon_p = 0 \end{aligned}\right\} \tag{6-6}$$

将式（6-6）代入到式（6-3）中可求得：

$$\left.\begin{aligned} \beta = \sigma_p/(E\varepsilon_p - \sigma_p) \\ A = 1/\varepsilon_p^\beta(1 + \beta) \end{aligned}\right\} \tag{6-7}$$

对式（6-5）中的应变进行求导，可得到：

$$\frac{d\sigma}{d\varepsilon} = E\exp\left[-\left(\frac{\varepsilon}{n}\right)^m\right]\left[1 - m\left(\frac{\varepsilon}{n}\right)^m\right] \tag{6-8}$$

联立式（6-6）和式（6-7）可整理得到：

$$0 = E\exp\left[-\left(\frac{\varepsilon_p}{n}\right)^m\right]\left[1 - m\left(\frac{\varepsilon_p}{n}\right)^m\right] \tag{6-9}$$

由式（6-8）可知，E 和 $\exp[-(\varepsilon_p/n)^m]$ 不可能为 0，故只能是 $1 - m(\varepsilon_p/n)^m = 0$，可整理得到标度参数：

$$n = \frac{\varepsilon_p}{(1/m)^{1/m}} \tag{6-10}$$

将式（6-9）代入到式（6-5）中，再联立式（6-6）中的 $\varepsilon = \varepsilon_p$，$\sigma = \sigma_p$ 可整理得到形状参数：

$$m = \frac{1}{\ln\left(\frac{E\varepsilon_p}{\sigma_p}\right)} \tag{6-11}$$

再将式（6-9）和式（6-10）代入到式（6-4）中整理可知尾砂充填体损伤演化方程为：

$$D = 1 - \exp\left[-\frac{1}{m}\left(\frac{\varepsilon}{\varepsilon_p}\right)^m\right] \tag{6-12}$$

由式（6-9）和式（6-10）可知，损伤变量只与充填体的应变值 ε、弹性模量、应力峰值以及应力峰值所对应的应变值相关。将式（6-11）代入式（6-5）可知尾砂充填体应力峰值过后损伤本构方程为：

$$\sigma = E\varepsilon\exp\left[-\frac{1}{m}\left(\frac{\varepsilon}{\varepsilon_p}\right)^m\right] \tag{6-13}$$

由钽铌矿尾砂胶结充填体试验得到的数据，经过整理计算得到弹性模量 E、应力峰值 σ_p 以及应力峰值所对应的应变值 ε_p 代入式（6-7）和式（6-11）中得出形状参数 m、$1/m$ 以及 A 和 β。将这些数据代入式（6-3）与式（6-13）中，可得到本试验钽铌矿尾砂胶结充填体应力峰值前和应力峰值后的损伤本构方程。

将第 2 章充填体试件在单轴压缩试验下所得到的试验结果（见表 6-1），代入式（6-7）和式（6-11）中通过计算可得出 4 种不同灰砂比的钽铌矿尾砂胶结充填体所对应的损伤参数 m、$1/m$ 以及 A 和 β，其中各损伤参数 m、$1/m$ 以及 A 和 β 的计算结果见表 6-2。

表 6-1　单轴压缩下不同灰砂比的钽铌矿尾砂胶结充填体力学参数

灰砂比	应力峰值 σ_p /MPa	应力峰值对应的应变值 ε_p	弹性模量 E/GPa
1 : 4	4.250	0.0054	1.367
1 : 6	3.004	0.0044	1.158
1 : 8	1.930	0.0047	0.647
1 : 10	1.578	0.0054	0.453

表 6-2　不同灰砂比的钽铌矿尾砂胶结充填体损伤参数

灰砂比	m	$1/m$	A	β
1 : 4	1.812	0.552	506.85	1.357
1 : 6	1.893	0.528	994.04	1.436
1 : 8	2.198	0.455	4100.04	1.737
1 : 10	2.283	0.438	4706.00	1.818

将上表 6-2 中计算得出的 m、$1/m$、A 和 β 等损伤参数分别代入式（6-3）和式（6-13）中，可得到在单轴压缩条件下的不同灰砂比的钽铌矿尾砂胶结充填体应力峰值前和应力峰值后的损伤本构方程[9]，其计算结果见表 6-3。

表 6-3　不同灰砂比的钽铌矿尾砂胶结充填体损伤本构方程

灰砂比	应力峰值前	应力峰值后
1 : 4	$\sigma = 1367\varepsilon - 6.929 \times 10^5 \varepsilon^{2.357}$	$\sigma = 1367\varepsilon\exp[-0.552(\varepsilon/0.0054)^{1.812}]$
1 : 6	$\sigma = 1158\varepsilon - 1.151 \times 10^6 \varepsilon^{2.436}$	$\sigma = 1158\varepsilon\exp[-0.528(\varepsilon/0.0044)^{1.893}]$
1 : 8	$\sigma = 647\varepsilon - 2.653 \times 10^6 \varepsilon^{1.737}$	$\sigma = 647\varepsilon\exp[-0.455(\varepsilon/0.004)^{2.189}]$
1 : 10	$\sigma = 453\varepsilon - 2.132 \times 10^6 \varepsilon^{2.818}$	$\sigma = 453\varepsilon\exp[-0.438(\varepsilon/0.0054)^{2.283}]$

根据本书建立的四种不同灰砂比的充填体损伤本构方程（见表 6-3），可以绘制出以下四种不同灰砂比的充填体应力-应变关系曲线以及由损伤本构方程拟合而成的理论曲线，其结果如图 6-1 所示。

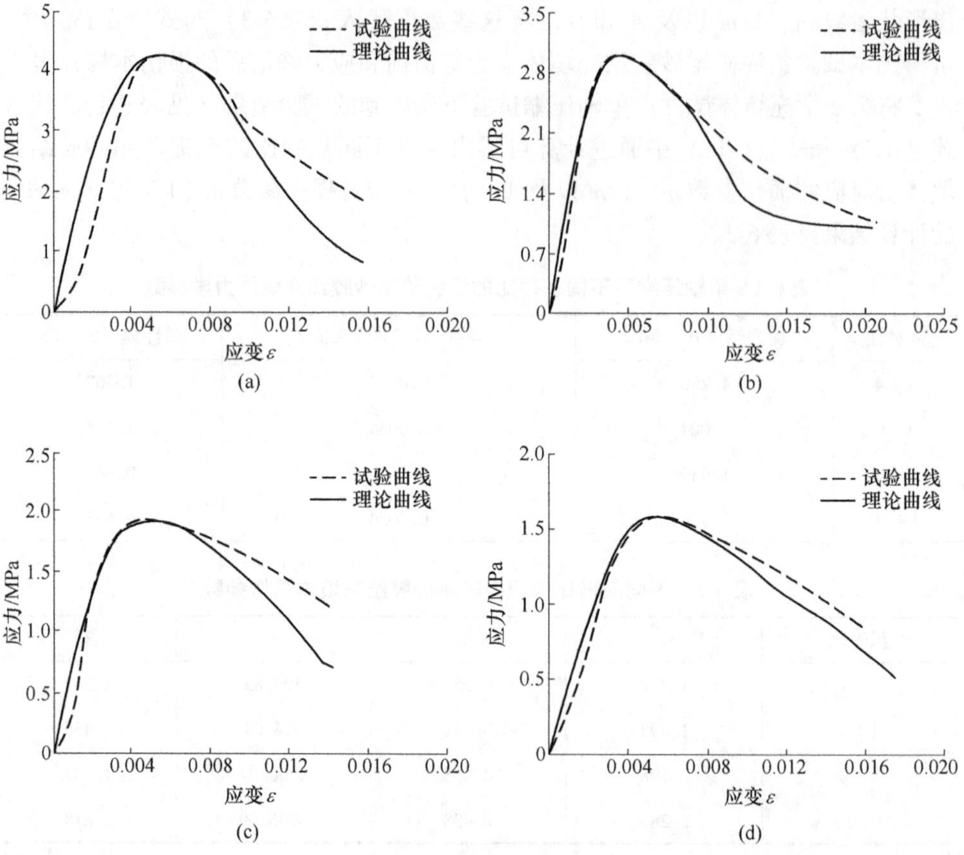

图 6-1　不同灰砂比的钽铌矿尾砂胶结充填体试验曲线和理论曲线

(a) 灰砂比 1∶4 的充填体；(b) 灰砂比 1∶6 的充填体；
(c) 灰砂比 1∶8 的充填体；(d) 灰砂比 1∶10 的充填体

图 6-1 为单轴压缩试验条件下不同灰砂比的充填体试验应力、应变关系曲线和构建的充填体损伤本构模型的理论曲线比较图，从图 6-1 中可以看出，由本书构建的损伤本构模型绘制出的理论曲线与实际试验中得到的应力、应变曲线吻合度较高，能够较为有效地拟合试验过程中得到的曲线，表明本书所构建的充填体损伤本构方程是可靠的，对工程设计与分析有一定的参考价值。

6.1.2　不同灰砂比尾砂胶结充填体损伤演化方程

将单轴压缩试验下得到的四种不同灰砂比的充填体损伤参数 m 、$1/m$ 、A 和 β

分别代入损伤值和应变关系式（6-2）与式（6-12）中，而得出四种不同灰砂比的钽铌矿尾砂胶结充填体在应力峰值前和应力峰值后的损伤值随加载产生应变变化的损伤演化方程，见表 6-4。

表 6-4 不同灰砂比的钽铌矿尾砂胶结充填体损伤演化方程[9]

灰砂比	应力峰值前	应力峰值后
1∶4	$D = 506.84\varepsilon^{1.357}$	$D = 1 - \exp[-0.552(\varepsilon/0.0054)^{1.812}]$
1∶6	$D = 994.04\varepsilon^{1.436}$	$D = 1 - \exp[-0.528(\varepsilon/0.0044)^{1.893}]$
1∶8	$D = 4100.04\varepsilon^{1.740}$	$D = 1 - \exp[-0.455(\varepsilon/0.0047)^{2.198}]$
1∶10	$D = 4706.00\varepsilon^{1.818}$	$D = 1 - \exp[-0.438(\varepsilon/0.0054)^{2.283}]$

根据本书建立的四种不同灰砂比的充填体损伤演化方程（见表 6-4），可以绘制出以下四种不同灰砂比的充填体应力-应变-损伤值关系曲线，其结果如图 6-2 所示。

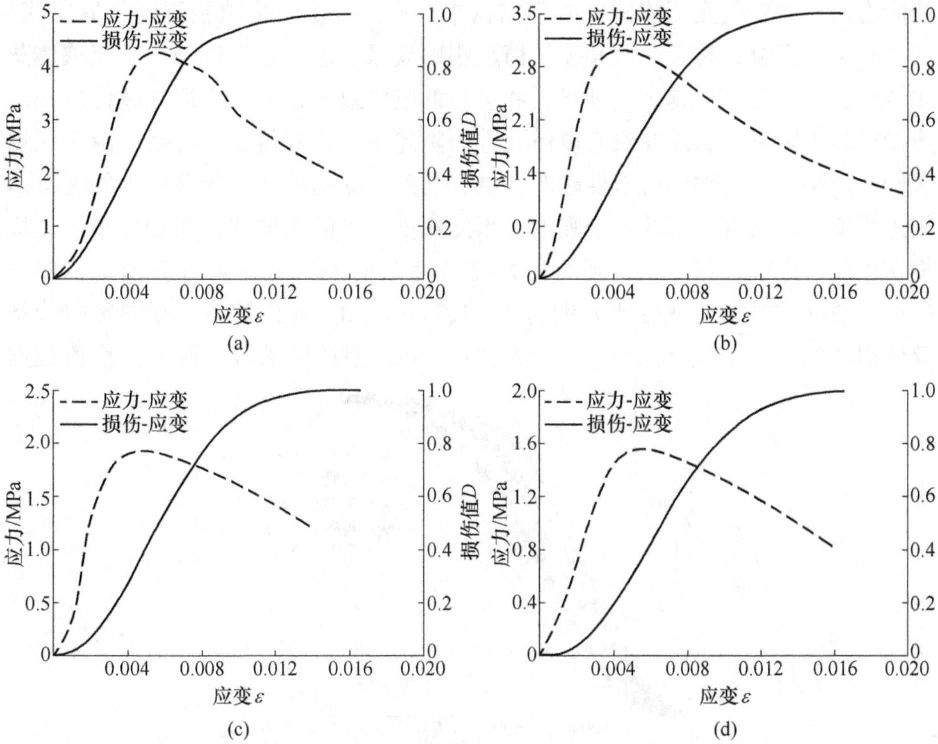

图 6-2 应力-应变-损伤值关系曲线
（a）灰砂比 1∶4 的充填体；（b）灰砂比 1∶6 的充填体；
（c）灰砂比 1∶8 的充填体；（d）灰砂比 1∶10 的充填体

以图 6-2（d）的损伤曲线为例来分析在整个加载过程中充填体试件损伤破坏过程，从试验开始到应变值为 0.001 时，这一阶段内充填体试件的损伤值几乎为零，这是由于该阶段试件处于压密时期，此时充填体试件所承受的载荷还不足以使试件萌生新的微裂纹，因此该阶段试件将不会出现损伤；充填体损伤发展的第一阶段是在 0.001~0.009 这一应变区间内，此阶段内损伤值随应变几乎呈线性增长趋势，这一阶段是试件内损伤大量发展时期；充填体试件损伤发展的第二阶段是在 0.009~0.014 应变之内，此阶段内损伤量随应变值的增大也继续增多，表明该阶段试件裂纹由无序发展向有序发展转变，即裂纹出现汇聚、贯通；充填体最后一个损伤阶段为应变值大于 0.014 之后，这一阶段试件损伤值增长很平缓，说明该阶段损伤量较少，充填体试件基本被破坏。

由图 6-2 和图 6-3 可知，从整体来看充填体试件在单轴压缩试验初期损伤值增长较缓慢。在未达到应力峰值时，试件灰砂比越大，损伤值增长越快；灰砂比越小，损伤值增长越慢。而应力峰值后，试件灰砂比越大，损伤增长越慢，灰砂比越小，损伤增长越快。其原因是该钽铌矿尾砂胶结充填体料浆浓度一定时，在峰值应力前，主要是充填体试件内部结构中存有的孔隙、裂隙被逐渐压紧密实，出现了充填体变形量越大，而其损伤值越小的现象；进一步分析是由于充填体灰砂比越小，其水泥含量越小，则水泥和尾砂的胶结效果越差，充填体试件内部结构连接得越不紧密，从而导致充填体孔隙裂隙越多。在峰值应力过后，由于充填体灰砂比越小，其单轴抗压强度越弱，越容易产生损伤破坏，灰砂比大的充填体在应力峰值后仍具有一定的残余强度，因此灰砂比大的充填体比灰砂比小的充填体损伤增长较缓慢。将试验得到的相关数据代入式（6-2）中可计算出峰值应力时，料浆浓度 72%时，灰砂比分别为 1∶4、1∶6、1∶8 以及 1∶10 的尾砂胶结充填体损伤值为 0.424、0.411、0.365 和 0.355。根据所求得的四个损伤值数据

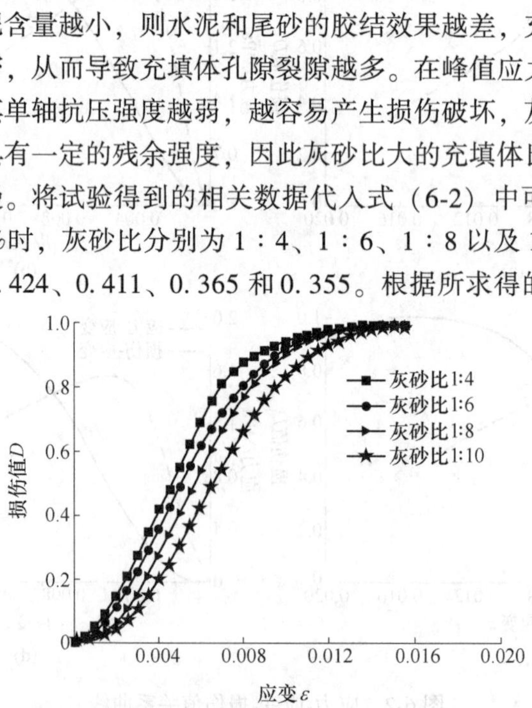

图 6-3　不同灰砂比钽铌矿尾砂胶结充填体
损伤值 D-应变关系曲线

可知，尾砂胶结充填体灰砂比越大，在应力达到最大值时，损伤值就越大。钽铌矿尾砂胶结充填体在单轴压缩试验状态下，损伤随应变增长的总趋势为：在应力初期时损伤值先缓慢增大，接近峰值应力时损伤值则快速增大，峰值应力过后损伤值又逐渐缓慢增加直至损伤值为 1，即钽铌矿尾砂胶结充填体基本完全破坏。

6.1.3 损伤特性下尾砂胶结充填体变形能量

在进行室内单轴压缩试验过程中，充填体将随施加载荷的逐渐增大而产生相应的变形能。在应力未达到峰值前，充填体试件内是储存能量的过程；在应力达到峰值以后，充填体试件内则为释放能量的过程。由此可知，在应力峰值时，充填体内部能量储存将达到最大，表明在单轴压缩条件下充填体内部能量的变化规律能够作为预判该尾砂胶结充填体是否发生失稳破坏的一个极为重要的依据。因此，本书将对钽铌矿尾砂胶结充填体进行能量分析，这对监测此类材料的充填体是否发生失稳破坏具有重要的现实意义。

依据 Sidoroff 和 Supartono 等人提出的有效应力能量等价原理，表明能够产生损伤的固体材料其内部所产生的弹性变形能与无损伤固体材料内部所产生的弹性变形能在某种形式上将会实现等价[10]。基于以上原理，在充填体试件进行单轴压缩试验产生损伤的情况下，可以采用此原理来对该充填体试件内部所产生的弹性变形能进行计算。即设在单轴压缩条件下充填体试件中的某一单元体所承受的加载应力由 0 变为 σ_x 时，那么充填体的单元体所相应产生的应变则为 ε_x，因此该充填体的单元体的单位体积在单轴压缩条件下所产生的变形能（也可称之为比能）可运用式（6-14）来计算[11]：

$$U = \int_0^{\varepsilon_x} \sigma_x \mathrm{d}\varepsilon_x \tag{6-14}$$

在单轴压缩试验下，当充填体试件所承受的应力达到峰值 σ_p 时，而与之所对应的应变则为 ε_p，将充填体应力峰值前的损伤本构方程式（6-3）代入式(6-14)中，再进行一定的计算整理可得到充填体试件在应力峰值时所产生的变形能 U_p 值，其计算表达式见式（6-15）。

$$U_\mathrm{p} = \frac{1}{2}E\varepsilon_\mathrm{p}^2 - \frac{AE}{2+\beta}\varepsilon_\mathrm{p}^{\beta+2} \tag{6-15}$$

将单轴压缩试验下得到的试验数据结果（见表 6-1）和充填体损伤参数计算结果（见表 6-2），代入应力峰值变形比能计算式（6-15）中，可得到 4 种不同灰砂比的钽铌矿尾砂胶结充填体试件在单轴压缩试验下应力峰值时产生的变形比能 U_p 值，并简称为峰值比能，其计算结果见表 6-5。

表 6-5　不同灰砂比的钽铌矿尾砂胶结充填体峰值比能

灰砂比	应力峰值所对应的应变 ε_p	峰值比能 U_p
1∶4	0.0054	0.0150
1∶6	0.0044	0.0085
1∶8	0.0047	0.0057
1∶10	0.0054	0.0054

由表 6-5 不同灰砂比的钽铌矿尾砂胶结充填体峰值比能计算结果可知：在单轴受压试验条件下，钽铌矿尾砂胶结充填体的灰砂比越大，充填体试件在所承受的应力达到峰值时所产生的变形比能 U_P 就越大，也即充填体峰值比能越大。

通过上述对钽铌矿尾砂胶结充填体试件的损伤力学特性进行研究分析，可得以下主要结论：

(1) 由试验得到不同灰砂比的充填体结果数据，并运用固体材料损伤力学理论知识，从而得到了适用于本书研究对象钽铌矿尾砂胶结充填体的损伤本构方程以及损伤演化方程。

(2) 运用本书所构建的损伤模型拟合而成的理论曲线与采用试验数据绘制而成的曲线相比较吻合度较高，表明本书构建的损伤模型能够很好地反映在单轴压缩条件下充填体应力应变的变化规律。

(3) 由本书构建的损伤演化方程，可得到料浆浓度 72%时，灰砂比为 1∶4、1∶6、1∶8 及 1∶10 的充填体在应力峰值时损伤值 D_p 分别为 0.424、0.411、0.365 和 0.355。根据损伤值 D_p 的计算结果可知，灰砂比越大，充填体试件在应力峰值时达到的损伤值也越大。

(4) 钽铌矿尾砂胶结充填体试件在单轴受压试验下，灰砂比越大，充填体试件所承受的应力达到峰值时所产生的变形比能 U_p 越大。

6.2　不同料浆浓度尾砂胶结充填体损伤演化规律

目前公开的文献资料关于料浆浓度对钽铌矿尾砂胶结充填体影响的研究较少，尤其是料浆浓度对钽铌矿尾砂胶结充填体损伤演化方面的研究鲜有报道。鉴于此，本书在前人研究的基础上，通过对 3 组料浆浓度为 68%、72%和 76%，灰砂比为 1∶6 的试件开展单轴压缩和劈裂破坏试验，分析试验测得的应力-应变曲线关系，得到尾砂胶结充填体在应力作用下不同阶段力学特性，建立充填体损伤演化方程和本构方程，分析料浆浓度对尾砂胶结充填体损伤的影响，这对矿山使用钽铌矿尾砂胶结充填采空区保障采场结构的安全有着一定的理论指导意义和工程应用价值。

6.2.1 不同加载方式下尾砂胶结充填体损伤变形特征

6.2.1.1 单轴压缩试验充填体损伤变形特征

将试验数据进行处理和分析，得到不同料浆浓度条件下充填体试件单轴压缩试验的应力-应变关系曲线（见图 6-4），充填体试件受压损伤变形可分为以下 4 个阶段：

（1）孔隙压紧密实阶段（图 6-4 中 AB 段）：该阶段充填体试件随着外部载荷不断地加大，由于试件内部结构中存在着固有的孔隙在外部载荷压力的作用下，这些孔隙不断地被压紧密实，使得充填体试件的抗压强度得到一定的提升。从图 6-4 中可以看出这个阶段的曲线出现了一定的向上弯曲的趋势，其主要原因是孔隙被压紧密实引起的，料浆浓度越高，充填体微孔隙的压实量越小，说明充填体越密实，强度越高；充填体料浆浓度越大下凹得越小，表现为抗压强度越大。由于充填体强度较小，其压实过程在低灰砂比充填体中不明显。

（2）弹性变形阶段（图 6-4 中 BC 段）。随着外部载荷继续增加，充填体试件内部孔隙进一步压紧密实，从图 6-4 中可以看出，此阶段充填体试件应力-应变关系曲线近似于接近直线，并且料浆浓度越大，直线越陡，弹性模量越大。现有的载荷没有达到让试件出现新裂纹的程度，变形进入线弹性阶段。

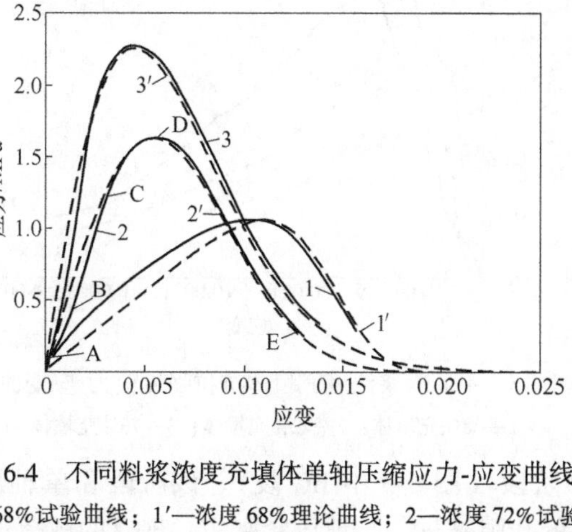

图 6-4 不同料浆浓度充填体单轴压缩应力-应变曲线
1—浓度 68%试验曲线；1′—浓度 68%理论曲线；2—浓度 72%试验曲线；
2′—浓度 72%理论曲线；3—浓度 76%试验曲线；3′—浓度 76%理论曲线；

（3）裂纹产生与扩展阶段（图 6-4 中 CD 段）。该阶段充填体试件随着外部载荷进一步增大，其内部结构开始产生细微宏观上的裂纹破坏，新出现的裂纹和原来已有的裂隙交织在一起，随着应力的增大，由无序扩展向着应力作用的方向有序汇聚进一步扩展，此时充填体试件进入到塑性不可逆阶段。从图 6-4 可以看出，该阶段曲线出现了向上凸起的现象，而其斜率随载荷的增加而逐渐地减小为零，此时充填体抗压强度达到最大值。充填体料浆浓度越大，强度越大，塑性变形过程越显著。

（4）破坏阶段（图 6-4 中 DE 段）。此阶段充填体试件随着载荷的增大，大量的微裂纹开始聚合、贯通，逐渐地演化为肉眼可见的主裂纹（见图 4-12），而充填体主要是沿着主裂纹变形破坏的，充填体其他部位没有出现明显的破坏。主裂纹的出现表明充填体试件已经破坏。曲线斜率变负，充填体承载能力随变形增加而减小。此外，在这个阶段试件料浆浓度越高，充填体残余强度就越大。

6.2.1.2　抗拉试验充填体损伤变形特征

根据不同料浆浓度充填体试件单轴抗拉强度试验（巴西劈裂试验）得到的应力-应变关系曲线（见图 6-5），可知充填体试件受拉变形破坏可分为以下 3 个阶段：

（1）初始阶段（图 6-5 中 AB 段）。在此阶段曲线出现了略微向下凹的趋势，其主要原因是充填体试件内部结构中的孔隙被压紧密实所引起的。然而和单轴压缩区别在于：曲线下凹的趋势更小一些，横向应变也更小。

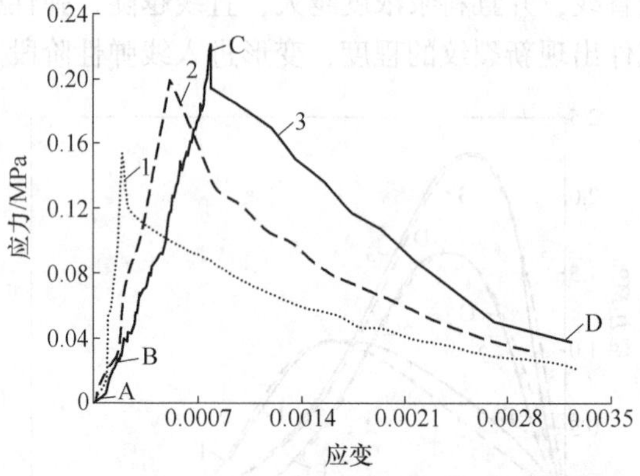

图 6-5　不同料浆浓度充填体抗拉强度应力-应变曲线

1—68%充填体；2—72%充填体；3—76%充填体

（2）弹性变形阶段（图 6-5 中 BC 段）。该阶段和单轴压缩试验基本一致，即充填体试件内部的孔隙被进一步地压紧密实，现有的载荷没有达到让试件出现新裂纹的程度，应力-应变关系曲线近似于接近直线。

（3）塑性屈服与破坏阶段（图 6-5 中 CD 段）。该阶段曲线和单轴压缩试验应力-应变关系曲线有较大的不同，塑性屈服阶段中没有出现上凸下凹的特征，当应力达到最大值时，充填体试件表现为突然从中间破坏，通过观察试件在未达到应力峰值之前，试件并未出现明显的裂隙，当应力一旦达到峰值时试件突然破坏，其破坏形式可以认为是脆性破坏（见图 6-6）。此阶段应变增加而应力急剧减小，充填体料浆浓度越低，曲线越陡，由屈服极限到全部丧失抗拉能力的过程越突然。

图 6-6 充填体劈裂破坏

6.2.2 不同料浆浓度尾砂胶结充填体损伤本构模型

本部分研究思路与第 6.1.1 节相同，本构模型构建过程不再赘述。根据第 2 章尾砂胶结充填体试验得到的数据，经过整理计算得到弹性模量 E、应力峰值 σ_p 以及应力峰值所对应的应变值 ε_p，将这些数据代入式（6-11）和式（6-7）中可得到形状参数 m、$1/m$ 以及 A 和 β。将这些数据代入式（6-3）与式（6-13）中，可得到本试验充填体应力峰值前和应力峰值后的损伤本构方程，见表 6-6。

表 6-6 不同料浆浓度胶结充填体损伤本构方程

料浆浓度/%	损伤本构方程	
	峰值应力前	峰值应力后
68	$\sigma = 111.66\varepsilon - 3.35 \times 10^{13}\varepsilon^{7.3}$	$\sigma = 111.66\varepsilon\exp[-0.15(\varepsilon/0.011)^{6.79}]$
72	$\sigma = 456.66\varepsilon - 2.81 \times 10^{6}\varepsilon^{2.88}$	$\sigma = 456.66\varepsilon\exp[-0.43(\varepsilon/0.0055)^{2.35}]$
76	$\sigma = 950.12\varepsilon - 2.00 \times 10^{5}\varepsilon^{2.13}$	$\sigma = 950.12\varepsilon\exp[-0.63(\varepsilon/0.0045)^{1.58}]$

6.2.3 不同料浆浓度尾砂胶结充填体损伤演化方程

将得到形状参数 m、$1/m$ 以及 A 和 β 这些数据代入式（6-2）和式（6-12）中即可得到本试验充填体应力峰值前和应力峰值后的损伤演化方程，见表 6-7。

由表 6-6 和表 6-7 尾砂胶结充填体损伤本构方程和损伤演化方程可以分别得到应力-应变关系理论曲线（见图 6-4）和损伤值-应变关系曲线（见图 6-7），由图 6-4 可知，通过尾砂胶结充填体试验得到的应力-应变关系曲线（试验曲线）和本书用损伤本构模型建立的理论曲线能较好地吻合。表明本书得到的充填体损伤本构模型是比较可靠的，对工程分析和设计具有一定的参考价值。

表 6-7　不同料浆浓度胶结充填体损伤演化方程

料浆浓度/%	损伤本构方程	
	峰值应力前	峰值应力后
68	$D = 3 \times 10^{11}\varepsilon^{6.30}$	$D = 1 - \exp[-0.15(\varepsilon/0.011)^{6.79}]$
72	$D = 6148\varepsilon^{1.88}$	$D = 1 - \exp[-0.43(\varepsilon/0.0055)^{2.35}]$
76	$D = 211\varepsilon^{1.13}$	$D = 1 - \exp[-0.63(\varepsilon/0.0045)^{1.58}]$

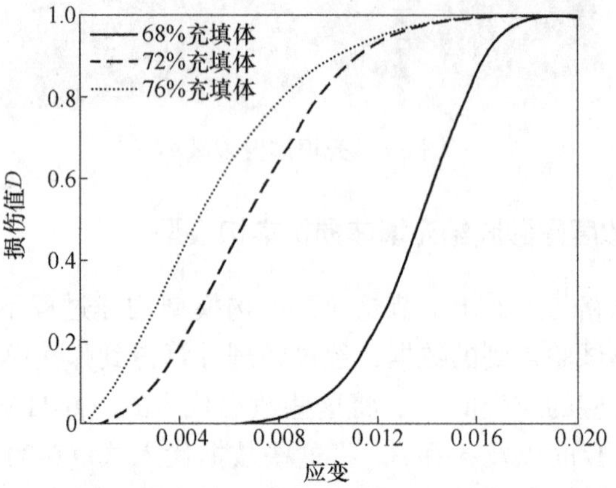

图 6-7　充填体损伤值-应变关系曲线

6.2.4　不同料浆浓度尾砂胶结充填体损伤演化规律

由图 6-7 可知，整体来看充填体试件在单轴压缩试验初期的损伤值增长较慢。在未达到峰值应力时，料浆浓度越高，损伤值增长得越快；料浆浓度越低，损伤值增长得越慢。在峰值应力后，料浆浓度越高，损伤增长越慢，料浆浓度越低，损伤增长越快。这是因为该尾砂胶结充填体的灰砂比一定时，在峰值应力前，主要发生的是充填体试件内部结构中存在着固有的孔隙被逐渐压紧密实，才出现了充填体变形量越大，而其损伤值却越小的现象；进一步分析其原因是充填体料浆浓度越小，其含水量越大，则水泥和尾砂的胶结效果越差，充填体内部结构连接得越不紧密，从而导致充填体孔隙裂隙越多；在峰值应力后，由于充填体料浆浓度越低，其单轴抗压强度越小，越容易产生损伤破坏；料浆浓度高的尾砂充填体在峰值应力后仍有一定的残余强度，因此高料浆浓度比低料浆浓度充填体损伤增长较慢。将试验得到的相关数据代入式（6-2）中可计算出峰值应力，料浆浓度分别为 68%、72%、76% 尾砂胶结充填体损伤值为 0.137、0.347 和 0.470，均未完全损伤，说明损伤变形在之后的破坏和残余变形过程中依然出现。

根据以上3个损伤值数据可知，尾砂充填体料浆浓度越高，在应力达到最大值时，损伤值就越大。尾砂胶结充填体在单轴压缩状态下，损伤随应变增长的总体趋势是：在应力初期时损伤值先缓慢增大，接近峰值应力时损伤值快速增大，峰值应力之后损伤值又逐渐地缓慢增加直至损伤值为1，即尾砂胶结充填体完全破坏。

通过对不同料浆浓度的钽铌矿尾砂胶结充填体的研究，可归纳出以下规律：

（1）对不同料浆浓度的钽铌矿尾砂胶结充填体试件进行拉压试验，经过对这些试验数据分析研究可知，该尾砂胶结充填体强度和料浆浓度呈正相关性，即料浆浓度越大，拉压强度越大；该尾砂胶结充填体弹性模量和料浆浓度也呈正相关性，即料浆浓度越大，尾砂胶结充填体试件弹性模量也越大；该尾砂胶结充填体试件泊松比与料浆浓度呈负相关性，即料浆浓度越大，尾砂胶结充填体试件泊松比越小。

（2）通过对钽铌矿尾砂胶结充填体单轴压缩试验得到的数据进行处理和分析，分别建立了不同料浆浓度尾砂胶结充填体的损伤本构模型和损伤演化方程。将根据试验数据得到的应力-应变关系曲线和由损伤本构模型获得的理论曲线进行了比对分析，发现两者的吻合度较好，表明所建立的钽铌矿尾砂胶结充填体损伤本构模型是可靠的，这对该充填体在工程应用上具有一定的理论指导意义。

（3）由不同料浆浓度尾砂胶结充填体单轴压缩试验可知，尾砂胶结充填体在应力未达到最大值前，损伤值增长较缓慢；在应力达到最大值时，充填体料浆浓度越高，损伤破坏越严重；在应力达到最大值后，损伤值总体增长较快，料浆浓度低的充填体损伤增长快于料浆浓度高的充填体。

参 考 文 献

[1] 张行．断裂与损伤力学［M］．北京：北京航空航天大学出版社，2006.

[2] 唐春安，朱万成．混凝土损伤与断裂数值试验［M］．北京：科学出版社，2003：64-68.

[3] 聂亚林，王晓军，黄广黎，等．不同含水率纯尾砂胶结充填体强度及损伤模型分析［J］．硅酸盐通报，2018，37（6）：2008-2013.

[4] Lemaitre J. How to use damage mechanics ［J］. Nuclear Eang. & Design，1984，80（1）：233-245.

[5] 彭向和，杨春和．复杂加载史下混凝土的损伤及其描述［J］．岩石力学与工程学报，2000，19（2）：157-164.

[6] Mazars J. A description of macro scale damage of concreted structures ［J］. Engineering Facture Mechanics，1986，25（5/6）：729-737.

[7] 谢和平．岩石混凝土损伤力学［M］．北京：中国矿业大学出版社，1990.

[8] 余寿文，冯西桥．损伤力学［M］．北京：清华大学出版社，1997.
[9] 赵康，朱胜唐，周科平，等．钽铌矿尾砂胶结充填体力学特性及损伤规律研究［J］．采矿与安全工程学报，2019，36（2）：413-419.
[10] 于骁中，谯常忻，周群力．岩石和混凝土断裂力学［M］．长沙：中南工业大学出版社，1991.
[11] 陈湘才，郭昌寰，胡增强．固体力学基础［M］．南京：东南大学出版社，1990.

7 钽铌矿尾砂胶结充填采场结构参数优化及稳定性

采矿是一项复杂的科学系统工程，不同的采矿模式、充填施工顺序、回采顺序、采场布置、支护等都会产生不同的力学效应，都会影响充填体及围岩的力学响应，其塑性区分布、位移变化、主应力特征等都会产生差异，最终导致采场结构出现不同的稳定性状态[1,2]。

本章采用数值模拟的方法，在前述对赣南某钽铌矿尾砂胶结充填体损伤力学性能分析的基础上，结合课题组前期在该矿山所得到的地质调查[3]、矿（围）岩物理力学特性[4]及所测得地应力大小和分布规律[5,6]，建立了该矿山采场的初始模型。本章还对矿山开采和充填结构参数进行优化研究，在其他条件相同的条件下，就不同采场充填结构参数、矿房、充填矿柱开采顺序等进行系统研究并针对不同开采方案中采场充填结构的稳定性进行研讨，为矿山高效、绿色、经济、安全开采提供理论依据。

7.1 数值计算方法简介

本次数值计算利用 FLAC^{3D}有限差分软件开展，该计算软件采用了混合离散法和动态松弛法，这与有限元软件不同。显式差分方法是将变量关于空间和时间的一阶导数都采取有限差分法来近似，以此提高了计算速度。混合离散技术可以更加精确、有效地模拟材料的塑性破坏和塑性流动，因此，有限差分法能用简明的差分形式来表述复杂的边界条件和基本方程。这种处理方法在力学上比常规的有限元法数值积分更加合理，在岩石力学工程问题计算中有着广泛的应用。动态松弛方法采取质点运动方程来求解，通过阻尼致使运动衰减到平衡状态，更加符合岩体状态变化规律。FLAC^{3D}中用的快速拉格朗日差分法起源于流体动力学，是目前岩土工程中应用广泛的数值方法之一[7]。

与其他的分析方法相比，FLAC^{3D}具有以下特点：

（1）应用范围广。该软件包括 11 种弹塑性材料本构模型，有动力、渗流、静力等 5 种技术模式，这些模式之间可以相互组合应用，以模拟诸如土体、混凝土、岩体或者其他材料实体。不同模型之间的切换可以模拟不同复杂的工程力学行为，如利用空单元模型模拟矿体的开挖，不同参数的赋值行为模拟充填体的不同充填配比。另外该软件可以模拟多种结构形式，如梁、板、壳、桩和人工结构（如支护、衬砌、锚索等）；同时还可以模拟断层、节理或虚拟的物理边界等。摩尔-库仑模型中的破坏准则很贴合岩石的弹塑性材料特性，再结合相应的计算模式能很好地分析渐进破坏失稳以及模拟大变形的岩土工程力学问题。

(2) 具有强大的内嵌 FISH 语言。不同用户，可根据自身研究需要利用 FISH 语言对变量进行自定义，很大程度上满足了用户对新变量或者新函数的个性化要求，也可以对计算过程中的个性化参数进行提取。

(3) 后处理功能强大。根据该软件具有自动三维网格生成器，利用基本单元与个性化的自定义单元的任意组合，可以生成较复杂的三维网格，模拟复杂的现场环境。计算过程对结果进行实时分析，所输出的图形可以表示结构、网格以及有关变量的等值线图、曲线圈、矢量图等，可以给出计算域的任意截面上的变量等值线图和矢量图。更为直观的分析变化过程，帮助人们更好认识岩体复杂的力学响应。

7.2 矿体区域及矿床地质概况

7.2.1 区域地质概况

该钽铌矿床处在华夏板块武夷山隆起与粤北拗陷过渡部位的粤北凹陷区，为南岭东西向构造带与北东向构造带交汇部位，北东向赣州-曲江-英德成矿带与东西向阳朔-龙南成矿带交汇部位。

区域基底为震旦系和寒武系，盖层为泥盆系、石炭系、三叠系、侏罗系和白垩系。震旦系、寒武系为一套浅变质的海陆相沉积，为巨厚的半深水复理式碎屑岩建造；泥盆系、石炭系、三叠系由一套滨海、浅海至海陆交替相沉积岩组成，为陆源碎屑、碳酸盐及海陆交替相的含煤建造；侏罗系、白垩-第三系由一套陆相碎屑沉积岩和火山喷出岩组成，为厚度较大的陆相火山喷出相和内湖相磨拉石建造。第四系冲积、洪积物占据河床两岸。

区域构造线以北东和东西向为主，次为北北东向和北西向构造。构造类型以北东向褶皱和断裂为主。矿区处在一北东向短轴背斜核部。

区域岩浆活动非常频繁，印支和燕山运动最为强烈。矿区北部紧临五里亭花岗岩基，该岩基在深部可能与贵东岩体相连。区内岩浆岩具有多种类、多期次特点。主要岩浆岩有花岗岩、花岗斑岩、闪长岩、花岗闪长岩、闪长玢岩、辉长岩、辉绿岩、辉绿橄榄岩、正长岩、石英正长岩等；喷出岩有玄武岩、安山岩与流纹岩。可以分为加里东、印支、燕山期三个旋回，以燕山旋回最为强烈而频繁，其中又以燕山旋回的第三期规模最大，且与区内内生金属矿床有着密切的成因关系[8]。

7.2.2 矿床地质特征

7.2.2.1 地层

矿区主要出露地层为寒武系中上统、泥盆系中下统桂头群下亚群及第四系。

寒武系中上统（Єb-c）：为一套浅海相沉积碎屑岩建造，遍布全区。地层总体走向300°~320°，倾向南西，少数倾向北东，倾角20°~40°。由变质砂岩、砂质板岩、板岩和千枚岩组成不等厚的互层构成。矿区西南部主要为黄褐色至浅灰色中厚层状变质砂岩夹砂质板岩及板岩，或三者互层，页理清晰，蚀变较弱；矿区中部矿化范围内以灰-深灰色变质砂岩夹少量砂质板岩为主，蚀变强烈，在主要矿化地段砂岩层理和页理均不明显，节理发育；矿区北东部为变质砂岩与板岩互层或夹板岩，板岩接触变质较强，多出现斑点状构造，斑点由电气石、黑云母组成。

泥盆系中下统桂头群下亚群（D1-2gta）：岩性主要为紫色云母砂岩、砂质页岩夹长石砂岩、薄层含钙砂岩，底部为多成分砾岩。主要分布在矿区东南隅。岩层走向30°~50°，倾向南东或北西，倾角40°~80°，与下伏寒武系地层呈角度不整合接触。在接触带附近由于受构造运动影响，形成悬崖峭壁，直立陡峻。

第四系为残积、坡积、人工堆积、河沟冲积和洪积层，由围岩砾石与泥沙组成，主要分布于山麓、山谷及河沟之中。

7.2.2.2 构造

受区域构造影响，矿区主要发育3组断裂构造。

东西向断裂：倾向北，倾角70°左右，发育于矿区南部，形成较早，被石英斑岩充填。

北东向断裂：走向35°~50°，倾向北西，倾角40°~60°，具规模大、分布广，多次活动、性质复杂的特点，控制着区内岩体和石英脉的分布，是重要的控岩、控矿断裂。

北北东向断裂：走向10°~30°，倾向北西，倾角陡，分布于矿化范围内，少数被含矿石英脉充填，多为成矿后压扭性小断层。

矿区裂隙构造发育，主要有两组。北西西组，走向290°~310°，倾向北北东，倾角75°左右，成组成带发育，为含矿石英脉充填，对含矿岩体也起控制作用；缓倾斜裂隙带，走向270°~300°，不同部位产状略有变化，北西部向北倾，南西部向南倾，倾角小于30°，从中心向四周变陡，是重要的储岩容矿构造。此外在岩体周边发育南北向、东西向和北东向裂隙构造。这些断裂裂隙构造有机配置，在适宜的空间形成独特的储岩容矿构造系统。

本区成矿后断裂十分发育，前述各组成矿前构造均在成矿后发生不同程度地再活动。成矿后断层对矿体的位移影响不大，但由于断层中地下水的运动而使钠长石遭受风化，生成疏松破碎带，尤在多组断裂交汇处，岩石破碎更为强烈，岩体稳定性较差。

7.2.2.3　岩浆岩

矿区内燕山期岩浆活动频繁，形成复式重熔型花岗岩。成矿前有石英斑岩和闪长岩的侵入；成矿期形成中粒黑云母花岗岩-二云母花岗岩-细粒白云母花岗岩-伟晶岩、细晶岩；成矿后伴随煌斑岩、安山玢岩、细粒闪长岩脉的侵入。

细粒白云母花岗岩由石英（33%）、钾长石（30%）、斜长石（19%）、钠长石（10%）和白云母（7.6%）组成，副矿物中富含黑钨矿、白钨矿、铌钽铁矿、细晶石和绿柱石等矿石矿物。

7.2.2.4　变质作用与围岩蚀变

区域变质发育于区内寒武系上统地层中，原来的泥砂质岩类经区域变质形成变质砂岩和板岩类。动力变质作用普遍见于矿区内的断裂构造内，形成各类构造岩。接触变质作用分布于岩体与围岩接触带附近，将原变质砂岩、板岩经热变质形成角岩、斑点板岩等。

围岩蚀变有伴随脉钨矿床发育的硅化、绿泥石化、电气石化；还有与岩体型钽铌钨矿化有关的钠长石化、白云母化、云英岩化、绢云母化和碳酸盐化。钠长石化分布广，在岩体顶部最强烈，与矿化关系密切。

7.2.3　矿体特征

该钽铌矿床为岩浆充填型稀有金属矿床，主要与矿区细粒白云母花岗岩体有关。已发现的5个矿（化）体，均产于细粒白云母花岗岩中，其上部围岩中分布百余条石英脉型黑钨矿体。目前仅发育于复式岩体中心顶部的69号矿体规模大、品位富，形成具经济价值的钽铌钨工业矿体，规模已达大型。

69号矿体赋存在寒武系浅变质岩中，矿体形态与白云母花岗岩相同，呈椭圆形帽状岩盖（见图7-1），南北长630m，东西宽520m，平面投影面积0.23km^2，产出标高130~484m，最高处埋深200m，顶部与石英大脉型矿体相连。矿体平均垂厚27.60m，中部最大垂厚72.60m。矿体总体形态为一南北走向椭圆形向四周不规则倾斜的岩盖状，矿体顶部倾角20°，北部20°~30°，东、西及东南部55°~65°，南部较陡，倾角70°~77°，从顶部向四周（深部）矿体有规律的变薄直至尖灭。

由于该矿山至今已有近百年的开采历史，近年来采区内的地压活动显著增加，在一定程度上威胁了矿山的生产安全。已存的大量采空区、矿区的构造活动、岩体的结构特性等都对采区的地压活动有着不同程度的影响。开采中段主要分布在风化层和构造发育区段内，由于风化程度较高和构造发育，岩体结构主要以裂块或碎块为主，结构的承载能力较低。

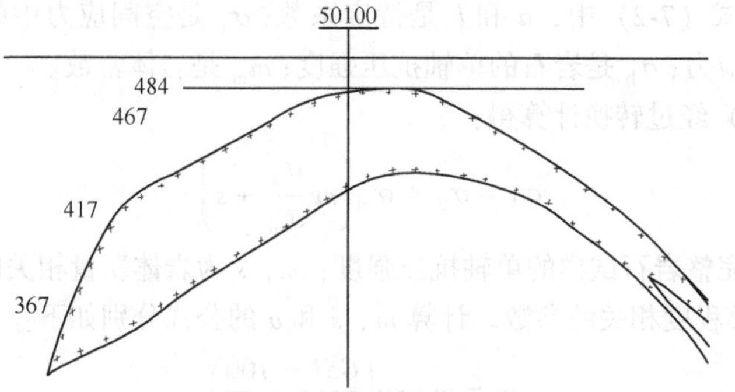

图 7-1 1—1 剖面矿体形状

7.3 采场尾砂胶结充填结构参数对稳定性的影响

随着矿产资源的减少，越来越多的矿山选用房柱嗣后充填采矿法进行矿体的开采。该方式能够充分回收矿产资源，同时将废弃尾砂充填井下避免地表环境的污染，节约矿山的充填成本，对于稀有金属矿来说经济效益也有较大的提高。采场合理的结构参数是指采场的走向、位置、矿房、矿柱的尺寸等的布置，采场结构参数的设计在房柱法开采中主要是指矿房和矿柱的尺寸设计，使采场各结构处于有利的力学状态，使矿柱、围岩的应力、应变分布趋于均匀化，避免应力集中[9~12]。在设计过程中，常使用数值模拟进行综合分析，应用合理的开采模型，结合矿山岩体的结构特性和破坏特征以及三维地应力场的分布规律等，在不同结构参数的设计中，分析充填矿柱、围岩和矿体的力学响应。根据岩体的力学响应和破坏情况对结构参数的合理性进行评估。

7.3.1 模型参数的选取

如何合理选择参数是正确建模的前提条件，现场获取矿山岩样，开展室内岩石物理力学试验是最有效的方法。但是岩样尺寸有限，岩样完整度较高，岩样内包含的孔隙、裂隙等较少，而岩体却是含有多种裂隙等软弱结构面的非均质、非线性的结构体，因此若直接将室内试验得到的岩石物理力学参数应用到模拟中会造成很大的偏差，无法达到很好的仿真模拟效果。

因此在模型参数的选取时应采取一定的方法进行折减。一些学者在强度折减方面进行了一系列研究[13]，从最初的经验公式：

$$\sigma_1 = \sigma_b + a\sigma_3^b \tag{7-1}$$

到 Hoek 和 Brown[14] 提出了改进的经验公式：

$$\frac{\sigma_1}{\sigma_b} = \frac{\sigma_3}{\sigma_b} + \left(1 + m_m \frac{\sigma_3}{\sigma_b}\right)^{0.5} \tag{7-2}$$

式（7-1）和式（7-2）中，a 和 b 是待定系数；σ_1 是空间应力中的最大主应力；σ_3 是最小主应力；σ_b 是岩石的单轴抗压强度；m_m 是岩体常数。

式（7-2）经过转换计算得：

$$\sigma_1 = \sigma_3 + \sigma_{ci}\left(m \frac{\sigma_3}{\sigma_{ci}} + s\right)^a \tag{7-3}$$

式中，σ_{ci}为完整岩石试样的单轴抗压强度；m，s 为岩体质量相关的材料常数；a 为和岩石完整程度相关的参数。计算 m、s 和 a 的公式分别如下：

$$m = m_i \exp\left(\frac{GSI - 100}{28 - 14D}\right) \tag{7-4}$$

$$s = \exp\left(\frac{GSI - 100}{9 - 3D}\right) \tag{7-5}$$

$$a = \frac{1}{2} + \frac{1}{6}(e^{GSI/15} - e^{-20/3}) \tag{7-6}$$

式中，m_i 为完整岩石的材料参数，表征岩石的软硬程度，其取值一般为 1~50；D 为开挖影响因子，表征岩体受扰动的程度，取值 0~1；GSI 为地质强度指标，由工程岩体的岩体结构、结构面特征等因素综合确定，表征岩体结构面的强度特征。

Hoek-Brown 准则可表示成正应力和剪应力的形式，并用于 Mohr-Coulomb 准则中剪切强度参数的估算[15]，两准则间的强度参数具有如下关系：

$$\varphi = \sin^{-1}\left[\frac{3am(s + m\sigma_{3n})^{a-1}}{(1 + a)(2 + a) + 3am(s + m\sigma_{3n})^{a-1}}\right] \tag{7-7}$$

$$c = \frac{\sigma_{ci}[(1 + 2a)s + (1 - a)m\sigma_{3n}](s + m\sigma_{3n})^{a-1}}{(1 + a)(2 + a)/\sqrt{1 + [6am(s + m\sigma_{3n})^{a-1}]/[(1 + a)(2 + a)]}} \tag{7-8}$$

式中，$\sigma_{3n} = \sigma_{3max}/\sigma_{ci}$，$\sigma_{3max}$为等效条件下最小主应力的上限值，与工程岩体的类型有关。

然后根据 Hoek-Brown 准则，岩体的单轴抗压强度 σ_c 和抗拉强度 σ_t 为：

$$\sigma_c = \sigma_{ci} + \sigma_{ci}s^a \tag{7-9}$$

$$\sigma_t = -\frac{\sigma_{ci}s}{m} \tag{7-10}$$

岩体弹性模量是描述岩体变形特性的重要参数，引入扰动系数 D 后的岩体弹模修正公式为：

$$E(\mathrm{GPa}) = \left(1 - \frac{D}{2}\right)\sqrt{\sigma_{ci}/100}\,10^{(GSI-10)/40} \qquad (\sigma_{ci} \leqslant 100\mathrm{MPa}) \tag{7-11}$$

$$E(\mathrm{GPa}) = \left(1 - \frac{D}{2}\right)10^{(GSI-10)/40} \qquad (\sigma_{ci} > 100\mathrm{MPa}) \tag{7-12}$$

再到 1980 年孙广忠[15]基于现场试验，提出了一种强度判断的依据，能够较好地体现岩体的结构效应。判据如下：

$$\sigma = \sigma_m + AN^{\beta} \tag{7-13}$$

式中 σ——岩块的单轴抗压强度，MPa；

σ_m——岩体的原位强度，MPa；

A，β——岩体常数；

N——岩块所含结构体数。

随着工程人员对岩体结构认识的逐步加深，相关的研究也在不停地更新和完善，一些比较有代表性的成果获得了工程界的认可。从最开始的经验值到后来的分别考虑岩体的未受扰动和受扰动两种不同状态得出岩体常数等量化手段，都是为了在理论上寻找一种更科学、合理的岩石与岩体的力学参数之间的关系。

本次数值模拟在前人研究的基础上，结合式（7-1）~式（7-13），以现场地质调查和前述室内试验结果为背景，借鉴工程经验对岩石力学参数进行了折减。结合前述钽铌矿尾砂不同灰砂比的胶结充填体的强度资料，其中充填矿柱和充填矿房的材料分别用浓度为 68%、灰砂比分别为 1∶4 和 1∶10 的胶结充填体参数详见第 2 章。应用于 FLAC^{3D}数值计算的岩体力学参数见表 7-1。

表 7-1 模型力学参数

岩性	抗拉强度 σ_t/MPa	容重	弹性模量 E/GPa	泊松比 ν	内摩擦角 φ/(°)	黏聚力 C/MPa
围岩	2.4	2.75	17.6	0.22	19.58	4.6
矿岩	1.36	2.77	6.36	0.23	7.66	10.29

7.3.2 岩体破坏准则的选取

根据在该矿山现场取样和室内岩石力学试验结果，当载荷达到岩体极限强度后发生破坏，在峰值强度之后塑性流动过程中，岩体残余强度随着变形发展逐步减小。因此，采用莫尔-库仑（Mohr-Coulomb）屈服准则作为判断岩体的破坏准则（式（6-4）），利用应变软化模型来反映覆岩破坏后随变形发展残余强度逐步降低的性质。

$$f_s = \sigma_1 - \sigma_3 \frac{1 + \sin\varphi}{1 - \sin\varphi} - 2c\sqrt{\frac{1 + \sin\varphi}{1 - \sin\varphi}} \tag{7-14}$$

式中　f_s ——破坏判别系数；

σ_1 ——最大主应力，MPa；

σ_3 ——最小主应力，MPa；

c ——黏聚力，MPa；

φ ——内摩擦角，(°)。

当$f_s < 0$时，岩体产生的是弹性变形；$f_s > 0$时则代表岩体产生了剪切破坏。由于岩石的抗拉强度较低，因此可以更具抗拉强度准则判断，即当岩体的载荷超过其本身的峰值拉应力时，发生拉伸破坏。

7.3.3　数值模型的建立

结合该矿山实际情况，采场的矿块尺寸为长×宽×高＝25m×30m×40m。采场结构参数优化模型考虑了两个矿房一个矿柱的开采，扰动的影响范围为开采范围的3~5倍，最终确定的模型尺寸为长×宽×高＝900m×300m×500m。对所分析模型的边界条件设置为模型底部边界水平、竖直方向的速度约束。模型两侧边界的水平方向速度约束。(1) 模型在底部 $z=0$m 水平面在 x、y、z 方向固定，不发生速度和位移；(2) 模型在 2 个侧面，即 $x=0$m 和 $x=900$m 两个端面是固定的，不发生速度和位移；(3) 模型在 $y=0$m 和 y＝300m 两个端面是固定面，不发生速度和位移；(4) 模型在地表为自由面。为保证模拟的可靠性，模型的初始应力场的生成应尽量符合实际工程环境。结合前期地应力测量试验的结果[6]，对模型的上部施加一个竖直向下大小为 11.73MPa 的均布面载荷，垂直于 X（长度）轴的两个面上施加一对大小为 19.67MPa 的压应力，垂直于 Y（宽度）轴的两个面上施加一对大小为 7.73MPa 的压应力。

根据矿山提供的矿体形态图（见图 7-1）对矿体形状进行简化，简化时要兼顾满足计算和方便网格划分的要求，简化后的矿体模型如图 7-2 所示。采用 CAD 和 ANSYS 共同建模，网格的划分既要满足计算精度又要控制计算误差，故对矿柱、底板、顶板等重点关注部分的网格划分较密。利用 ANSYS-FLAC^{3D} 程序将模型导入 FLAC^{3D} 中进行结构参数的模拟计算。最终建立的网格模型如图 7-3 所示。

7.3.4　采场结构参数优化方案及稳定性

结合矿体的赋存情况以及矿山的生产情况，拟设计三种方案进行开采模拟。本部分结构参数的研究主要模拟一个矿柱及其两侧的矿房的开采对充填矿柱稳定

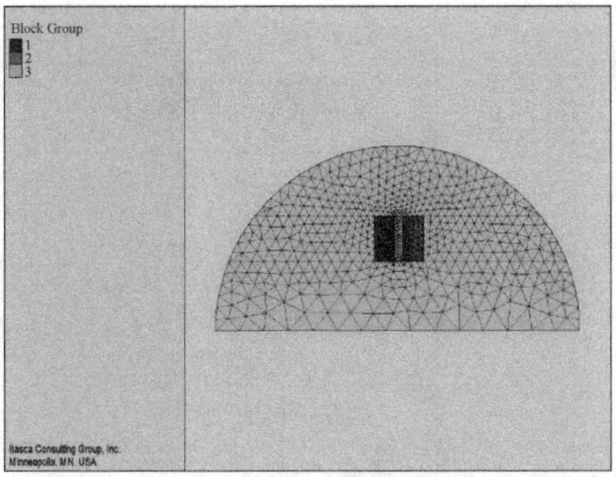

图 7-2 简化后的矿体形状

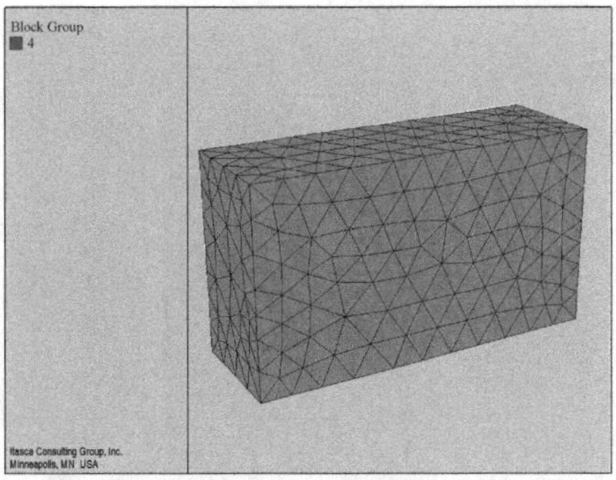

图 7-3 网格模型

性的影响，从而对相关的采场结构参数进行优化。回采方案初步设计为：先采矿柱嗣后尾砂胶结充填，后采矿房嗣后尾砂胶结充填。矿山的开采过程在模拟时采用一次开挖的方式，材料的变形选用大变形。三种方案的采场结构参数分别为：方案一：矿房为 20m，矿柱为 5m；方案二：矿房为 18m，矿柱为 7m；方案三：矿房为 15m，矿柱为 10m。在相同初始情况下，对三种方案实施模拟开采后，得到开采后的塑性区分布图、位移云图、最大和最小主应力云图如图 7-4～图 7-6 所示[17]。

从三个方案的塑性区损伤分布图可知方案一的塑性区域面积最大，几乎贯穿了整个充填矿柱，表明矿房开采过程可能导致充填矿柱的失稳，造成采场结构的垮塌，不满足稳定性要求。方案二、三的塑性区域都较小，且塑性区的大小随着充填矿柱尺寸的增加而减小，综合来看两个方案均满足稳定性的要求。

从三个方案的 Z 方向上的位移云图分析看出顶底板均有不同程度的变形，最大位移出现在顶底板中部的位置，三种方案的竖直位移相差较小。其顶板下沉分别为 14.19mm、8.35mm、6.41mm，底板正向位移分别为 16.77mm、13.63mm、9.17mm。充填矿柱的最大位移量为 5mm。

因为应力方向的设定是拉为正、压为负，故最小应力体现的是压应力的大小，三个方案的最大压应力分别为 34.64MPa、33.36MPa、24.39MPa，均能满足抗压强度的要求；三个方案的最大拉应力分别为：0.92MPa、0.87MPa、0.02MPa。方案一和方案二虽然有部分拉破坏出现，但由于破坏区域有限，可认为不影响整体采场结构稳定性。

通过塑性区分布、竖向位移、最大和最小主应力特征的分析对比，方案一由于塑性区贯通导致结构失稳，方案三的充填矿柱过大不利于生产能力的增加。故在满足安全性的基础上，从矿山的生产计划完成率和经济效益考虑，选用方案二，即矿房尺寸为 18m，矿柱尺寸为 7m。

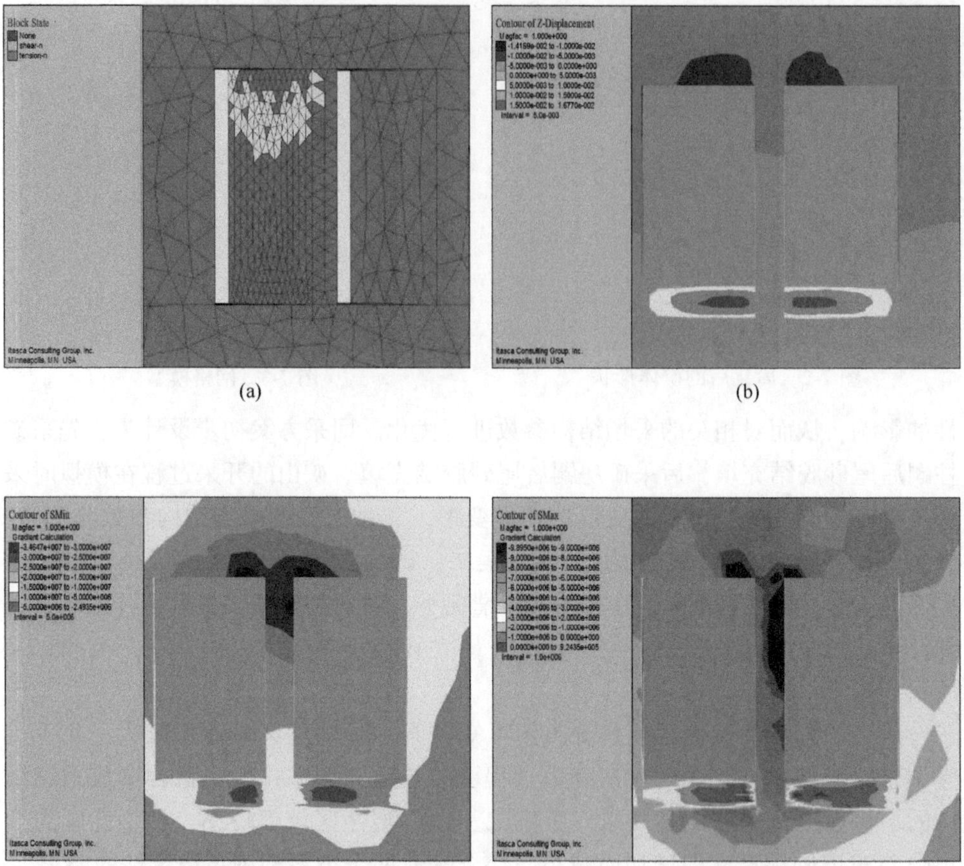

(a)　(b)　(c)　(d)

图 7-4　方案一开采结果

（a）塑性区分布图；（b）竖向位移云图；（c）最小主应力云图；（d）最大主应力云图

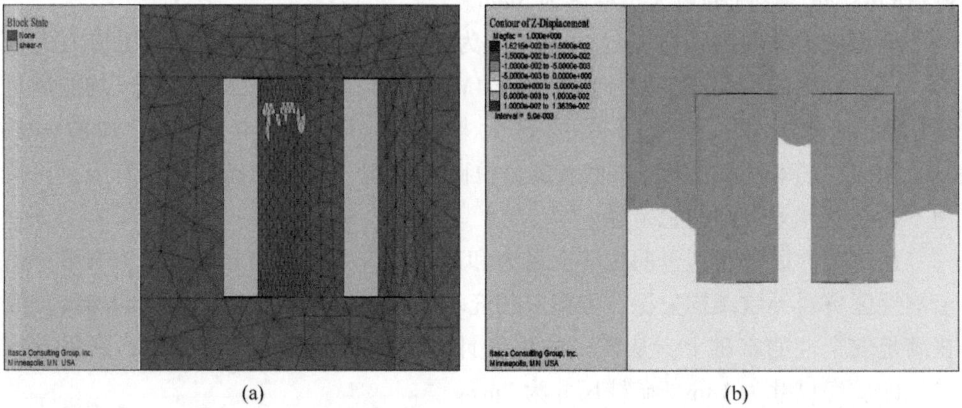

(a)　(b)

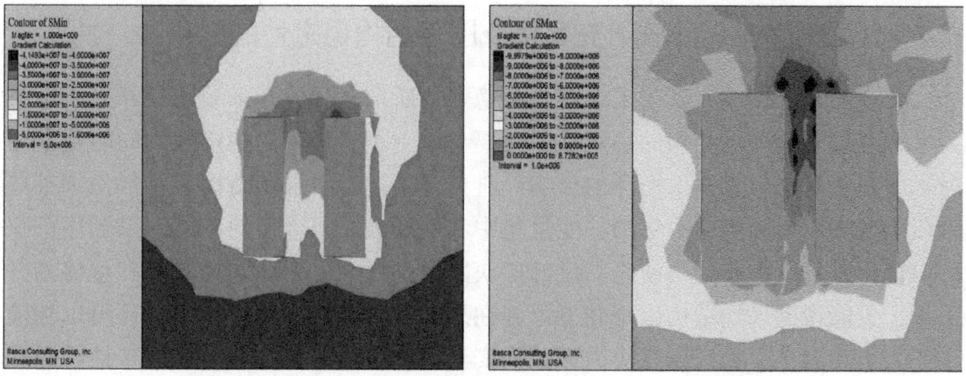

(c)　(d)

图 7-5　方案二开采结果

(a) 塑性区分布图；(b) 竖向位移云图；(c) 最小主应力云图；(d) 最大主应力云图

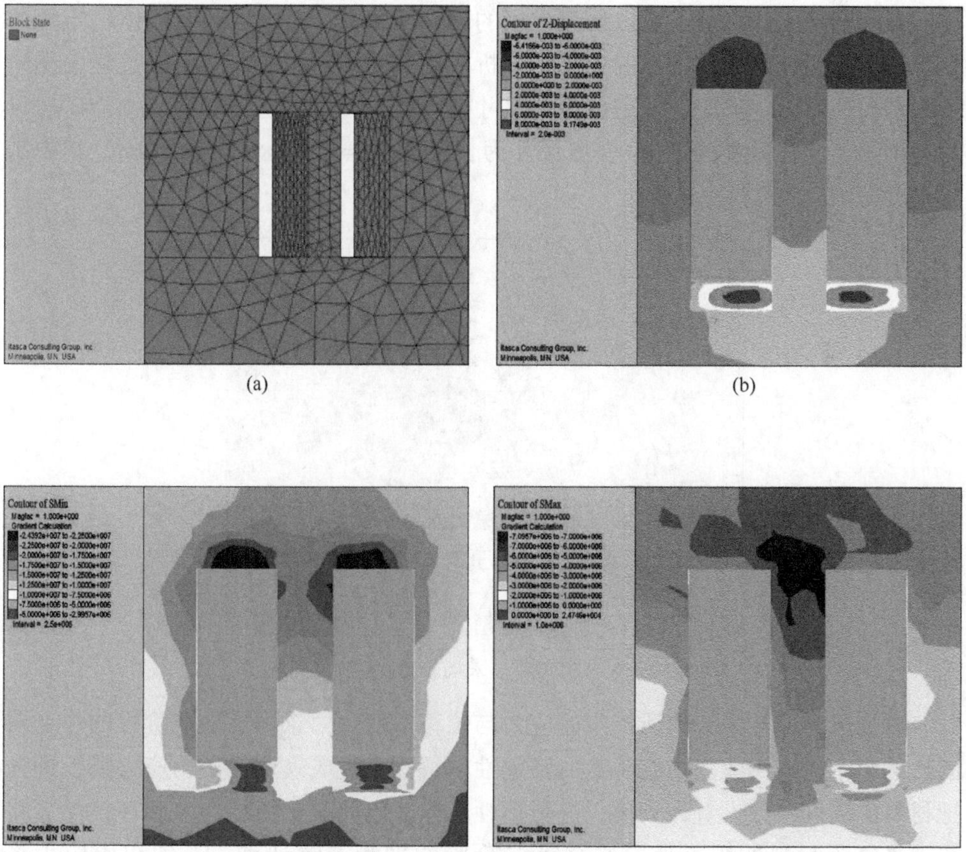

(a)　(b)

(c)　(d)

图 7-6　方案三开采结果

(a) 塑性区分布图；(b) 竖向位移云图；(c) 最小主应力云图；(d) 最大主应力云图

7.4　开采顺序对尾砂胶结充填体及围岩结构稳定性的影响

合理的开采顺序有利于采场结构的稳定，所谓合理的开采顺序是开采时不仅要考虑本次开采采场结构的稳定性，还要考虑下一步开采的稳定性，同时更要考虑本次开采对今后各开采循环的影响，避免开采过程中采场结构某些部位和某些阶段出现难以控制的应力集中、能量集中和变形破坏。合理的矿体开采顺序不仅可以优化采场结构布局，使高品位的矿块能得到开采，保证采场局部和整体的开采量，更能帮助采场结构以及井下设施在采矿期限内维持其稳定性，还可以保障工作人员在潜在失稳区或高应力地区内安全工作。因此，合理的矿房矿柱开采顺序至关重要。合理开采顺序的确定是一个复杂的过程，一般借助数值模拟的手段来实现。

根据该矿山的实际情况，开采顺序模型总共划分为五个矿房四个矿柱，在矿柱回采和充填完成以后，重点研究矿房的不同回采顺序对围岩和充填体稳定性的影响。主要通过应力和位移的变化，分析在不同回采顺序的工序推进过程中围岩和胶结矿柱的力学响应。矿房矿柱的尺寸选用前述经过优选的方案二，即矿房尺寸为 18m，矿柱尺寸为 7m。模型尺寸为长×宽×高 = 900m×300m×500m，其中采场划分如图 7-7 所示。

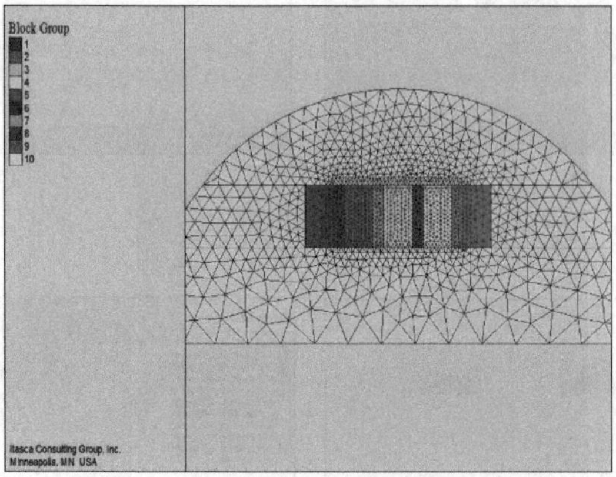

图 7-7　采场划分

模型只考虑开采充填所产生的应力与位移的变化，忽略了采准阶段的作业对围岩的影响。运用改变强度参数的弹塑性求解法来生成模型的初始应力场，即先把材料的强度参数设置为大值，进行塑性求解，以此避免模型产生破坏。然后将参数恢复为材料的强度值，进行第二阶段的平衡求解计算，得到初始应力场分布。

为确保本次模拟的可靠性，模型的初始应力场的生成应尽量符合实际工程环境。文献［6］对该矿山进行了地应力测量，最大主应力为19.67MPa，方向为N(30°~40°)E，最小主应力为7.73MPa，方向为N(50°~60°)W，最大与最小主应力均大致处于水平面内，中间主应力方向垂直向下，大小为11.73MPa。结合上述地应力分布的结果和充填体物理力学特性，对模型的上部施加了一个竖直向下大小为11.73MPa的均布面载荷，垂直于X（长度）轴的两个面上施加了一对大小为19.67MPa的压应力，垂直于Y（宽度）轴的两个面上施加一对大小为7.73MPa的压应力。模型的初始应力场分布云图如图7-8和图7-9所示。

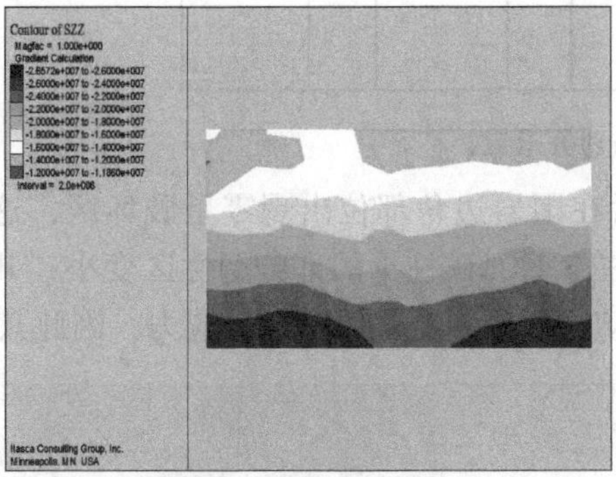

图7-8　初始竖向应力云图

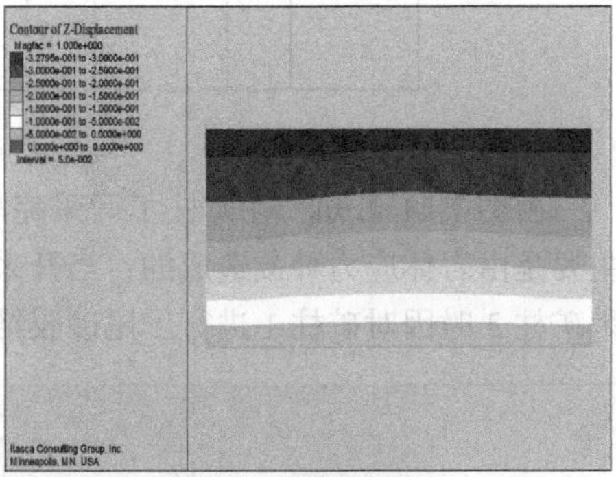

图7-9　初始竖向位移云图

由图7-8和图7-9看出，初始应力云图和初始位移云图均有较好的分层。由于矿体形状不规则，导致应力云图的分层出现些微变化，比较符合实际。

矿房矿柱的回采顺序可以根据生产的实际要求来改变，无论是先采矿房还是先采矿柱，都有其各自的优缺点。由于矿藏储备的减少，越来越多的矿山选用先采矿柱的方式进行矿体的开采。先采矿柱的方式能够节约矿山的充填成本，对于稀有金属来说经济效益也有较大的提高。模拟开采总体的步骤是：

第一步：回采矿柱；

第二步：充填矿柱；

第三步：开采矿房；

第四步：充填矿房。

7.4.1　矿柱的回采与充填

在现有的很多的数值模拟计算中，大部分把矿柱的回采和充填简化为一次回采全部矿柱的处理，但是这种情况在工程中较为少见。为了更加真实地反映岩体对开采行为的力学响应，此次模拟对矿柱回采和充填选用分步处理。采场分布示意如图7-10所示。

回采和充填矿柱的顺序细分为以下几步：

工序1：开采矿柱1；

工序2：开采矿柱2；

工序3：开采矿柱3，充填矿柱1；

工序4：开采矿柱4，充填矿柱2；

以此类推，直至矿柱全部充填完毕。

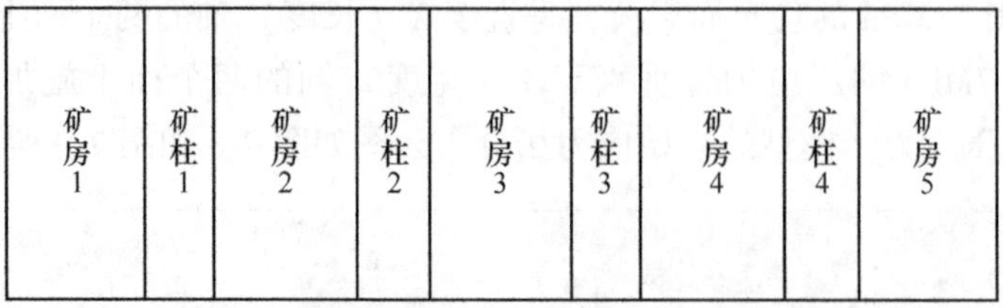

图7-10 采场划分示意

由图7-11可知，在矿柱1开采完毕后在围岩边角部位出现零星破坏区，这主要是由岩体应力释放造成的；当开采矿柱2时，矿柱1的部分塑性区变小；开采矿柱3时因对矿柱1进行了尾砂胶结充填，矿柱自身吸收一部分应力，因此其

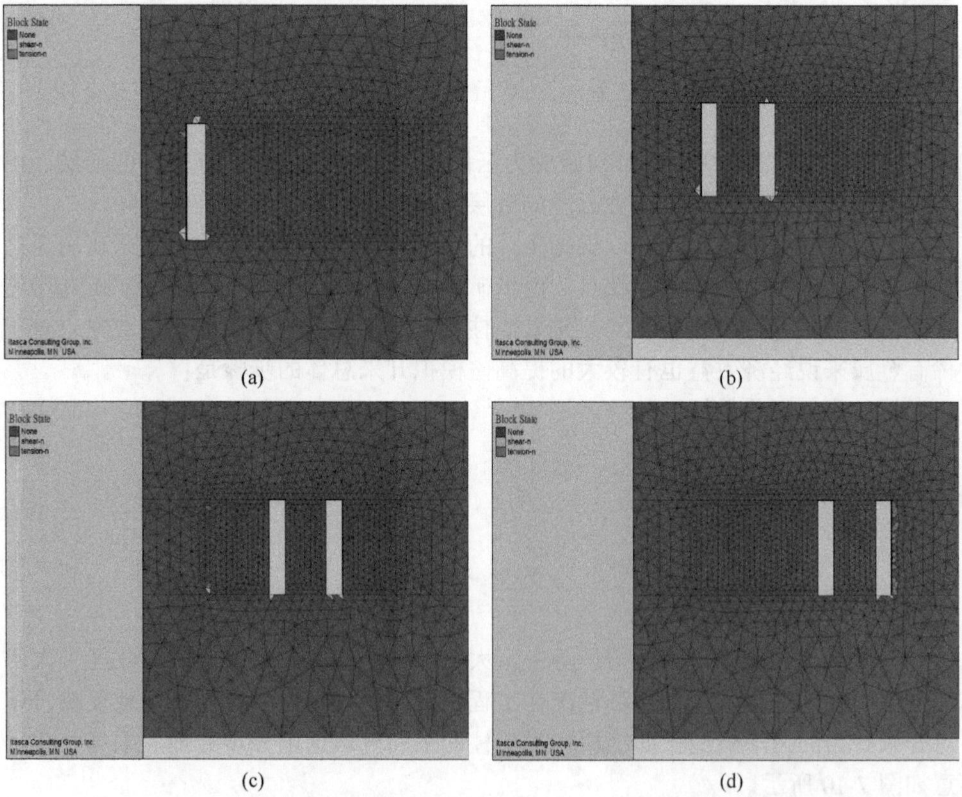

图7-11 矿柱回采的塑性区变化

(a) 工序1；(b) 工序2；(c) 工序3；(d) 工序4

塑性区域继续变小，矿柱 2 的破坏趋势也得到缓解。以此类推，可认为在回采矿柱的过程中，有部分的应力释放，但是由于矿柱体积较小，周围围岩比较稳定，故对整体塑性区影响不大，可以保证安全作业。

从回采过程中各个工序的最小主应力（见图 7-12）变化可以看出，对于矿柱 1 和矿柱 2 的回采，岩体的力学响应是类似的，只是在最小主应力的数值上有轻微幅度的变化，增加了 0.03MPa。在工序 3 和工序 4 完成以后，由于前期矿柱已充填完成，应力有了部分转移，所以最小主应力在减小，相较之下，工序 4 减小的幅度更大。

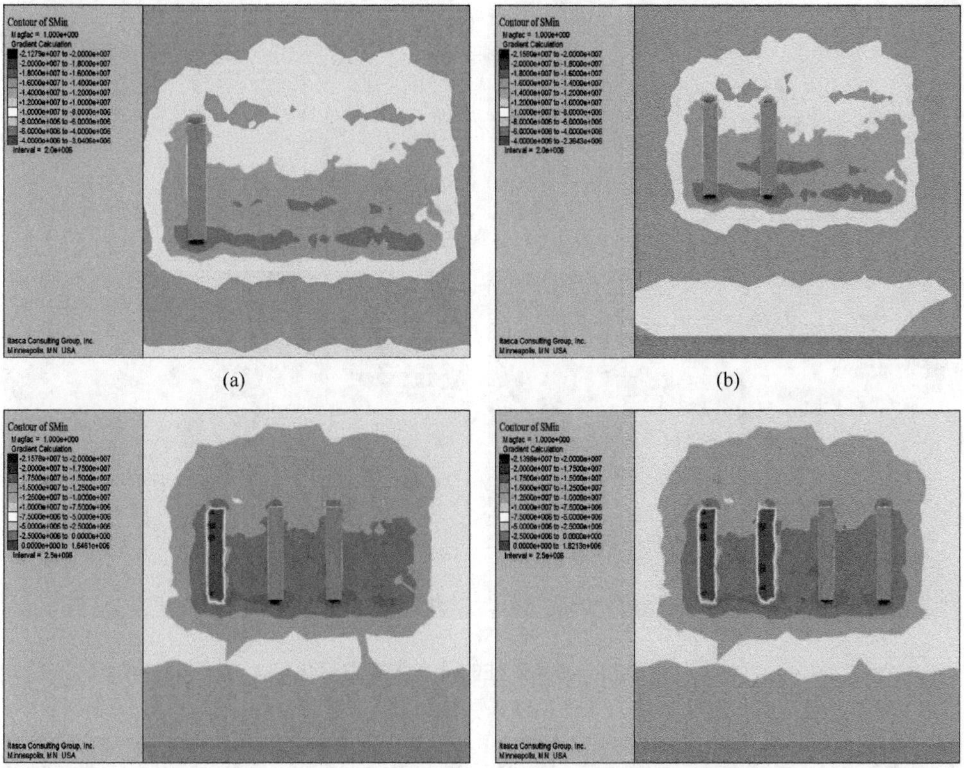

(c) (d)

图 7-12　回采矿柱的最小主应力变化

(a) 工序 1；(b) 工序 2；(c) 工序 3；(d) 工序 4

图 7-13 是回采矿柱过程中各个工序的最大主应力的变化，从图 7-13 中可知每次的矿柱回采都会引起应力的重新分布，在开采区域的应力释放现象较为明显，但是当矿柱充填后应力释放得到遏制，矿柱充填的区域的最大主应力有所减小。

由图 7-14 回采矿柱过程中的各个工序的竖向位移变化可以看出，矿柱 1 回采后的竖向最大位移达到了 9. 56mm，主要集中在顶部和底部的中间位置，在矿柱 2 回采以后，矿柱 1 的竖向位移减小。工序 3 中由于矿柱 1 进行了充填，所以矿柱 1 的竖向位移得到了控制，位移范围由 9mm 降到 2mm，在工序 3 以后，回采矿柱的同时也在充填矿柱，所以位移变化在矿柱的回采过程中能得到较好的控制。

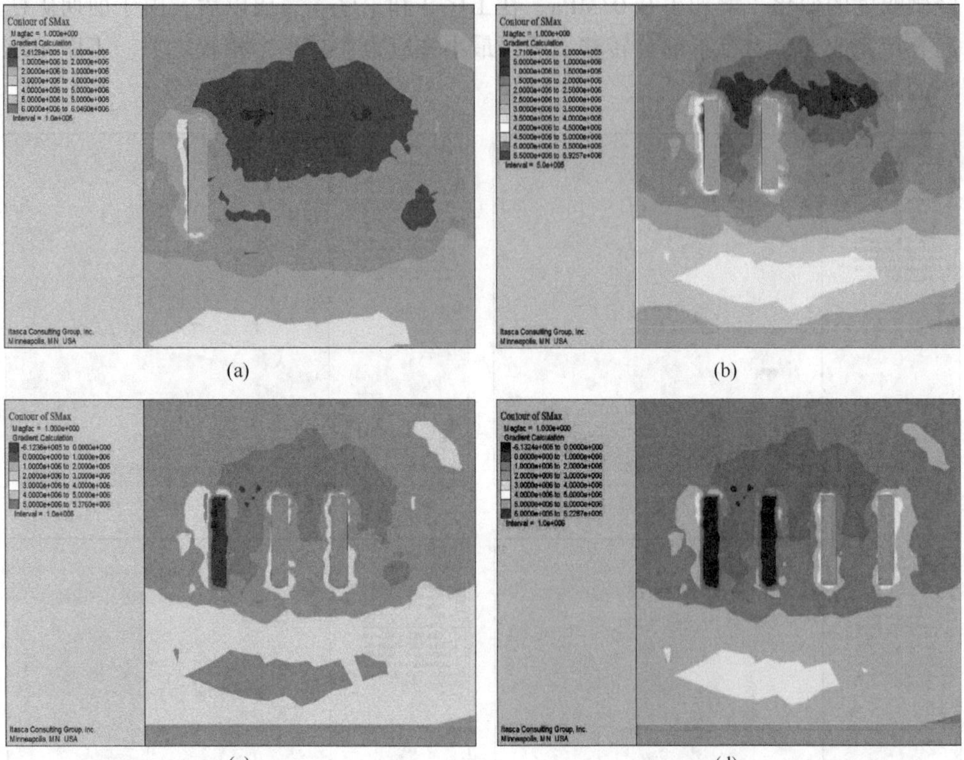

图 7-13　回采矿柱的最大主应力变化

（a）工序 1；（b）工序 2；（c）工序 3；（d）工序 4

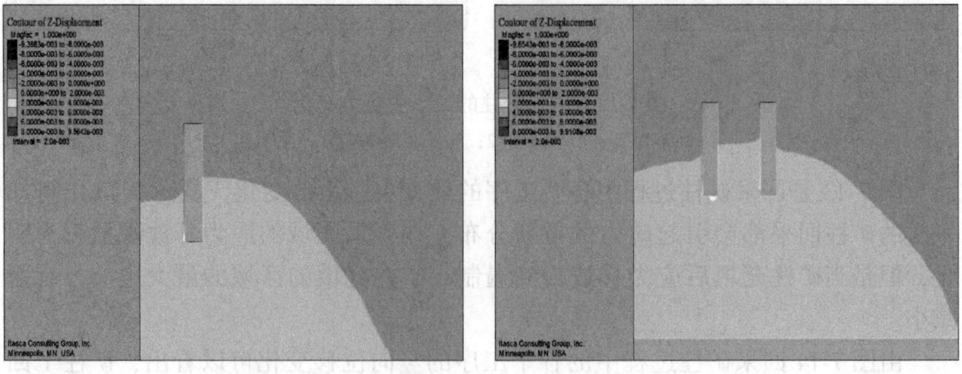

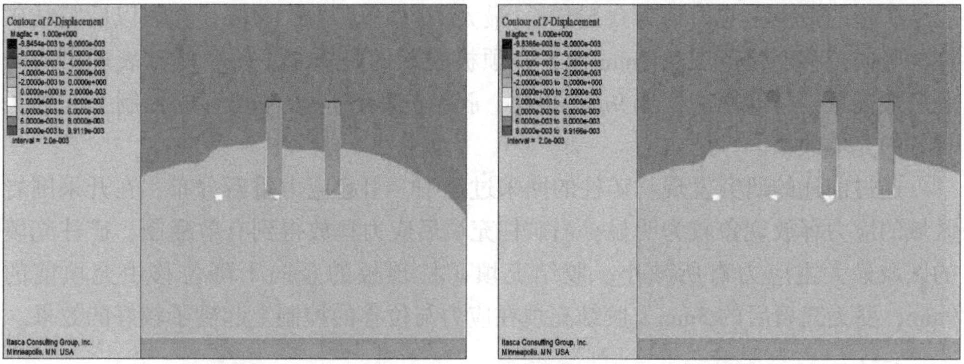

(c)　(d)

图 7-14　回采矿柱的竖向位移变化

（a）工序 1；（b）工序 2；（c）工序 3；（d）工序 4

图 7-15 中反映的是矿柱回采充填完毕以后，采区的应力与位移分布情况，由图 7-15 可知，矿柱胶结充填后，回采区域的塑性区减少，应力重新分布以后，

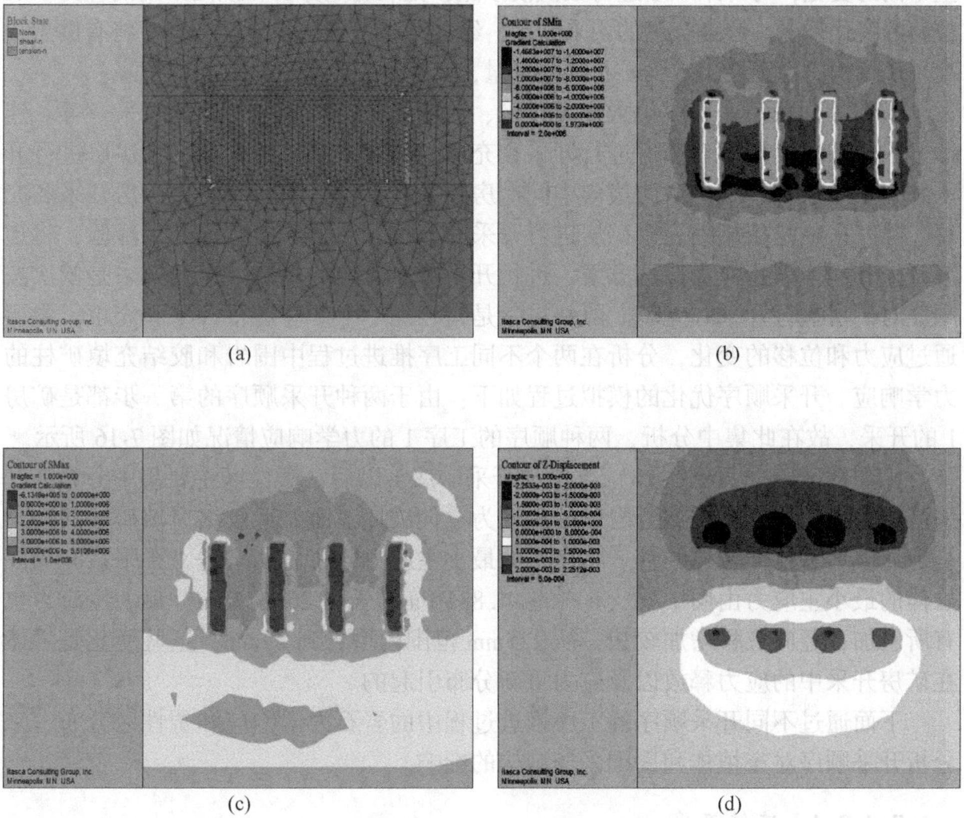

(a)　(b)

(c)　(d)

图 7-15　矿柱充填结果

（a）塑性区分布；（b）最小主应力云图；（c）最大主应力云图；（d）竖向位移云图

胶结矿柱的最小主应力约为 0. 5MPa，最大主应力约为 0. 1MPa。充填以后胶结矿柱的竖向位移变化范围在 3mm 内，在顶板表现的是覆岩下降，底部表现出来的是底鼓现象，与前期的变形 9mm 相比，胶结充填在应力与位移的控制上起到了较好的充填效果。

通过前述的研究发现：矿柱的回采过程中，引起应力重新分布，在开采围岩区域的应力释放现象较为明显，当矿柱充填后应力释放得到有效遏制，矿柱充填的区域最大主应力有所减小。胶结充填矿柱顶板的竖向下降位移由充填前的 9mm，变为充填后的 3mm。胶结充填在应力与位移的控制上起到了较好的效果。

7.4.2　不同开采顺序对尾砂胶结充填体稳定性影响

在矿柱回采和充填完成以后，研究充填体和围岩对不同开采顺序的力学响应有助于了解不同开采顺序对采场结构稳定、作业安全等方面的影响，不同的回采顺序使得采矿结构的介质产生不同的变化过程，未开挖区及充填区的应力场和位移场发生不同的变化，对开采顺序进行数值模拟能够更准确地分析和预测采场的应力以及位移的变化情况。研究合理的回采顺序，经过综合考量选用最优方案，将有助于提高采矿结构的稳定性，减少矿石的损失量，以达到安全与经济利益的双赢。

矿山的开采顺序一般包含连续开采、对称开采、隔一采一、隔三采一等。连续开采是依次按顺序对矿房进行开采和充填。隔一采一是指相隔一个矿房进行开采和充填。对称开采是由两边向中间矿房开采或者是由中间向两边矿房开采和充填。隔三采一是指相隔三个矿房进行开采和充填。结合矿山实际开采经验，将连续开采和隔一采一作为待选方案，进行开采顺序优化的模拟。连续开采是依次按顺序对矿房进行开采和充填。隔一采一是指相隔一个矿房进行开采和充填。主要通过应力和位移的变化，分析在两个不同工序推进过程中围岩和胶结充填矿柱的力学响应。开采顺序优化的模拟过程如下：由于两种开采顺序的第一步都是矿房 1 的开采，故在此集中分析，两种顺序的工序 1 的力学响应情况如图 7-16 所示。

由塑性区图（见图 7-16）可发现开采矿房 1 以后，塑性区主要集中分布在开采区域的边角位置，在靠近岩体处表现为拉伸破坏，而靠近胶结充填矿柱的边角是剪切破坏和拉伸破坏并存。工序 1 的最小主应力分布表明矿房 1 开采后，周围岩体的最小主应力由图 7-16（b）的 14. 83MPa 增长为 25. 67MPa，最大主应力也有所增加；竖向位移增加较快，从 2. 5mm 范围内增长到 23mm。这些变化是岩体在矿房开采中的应力释放以及应力重新分布引起的。

下面通过不同开采顺序的工序推进过程中的岩石力学响应和塑性区分布，来分析开采顺序对充填体和周围采场结构的影响。

7. 4. 2. 1　连续开采

连续开采的具体过程是：开采矿房 1 →开采矿房 2 →开采矿房 3、充填矿房

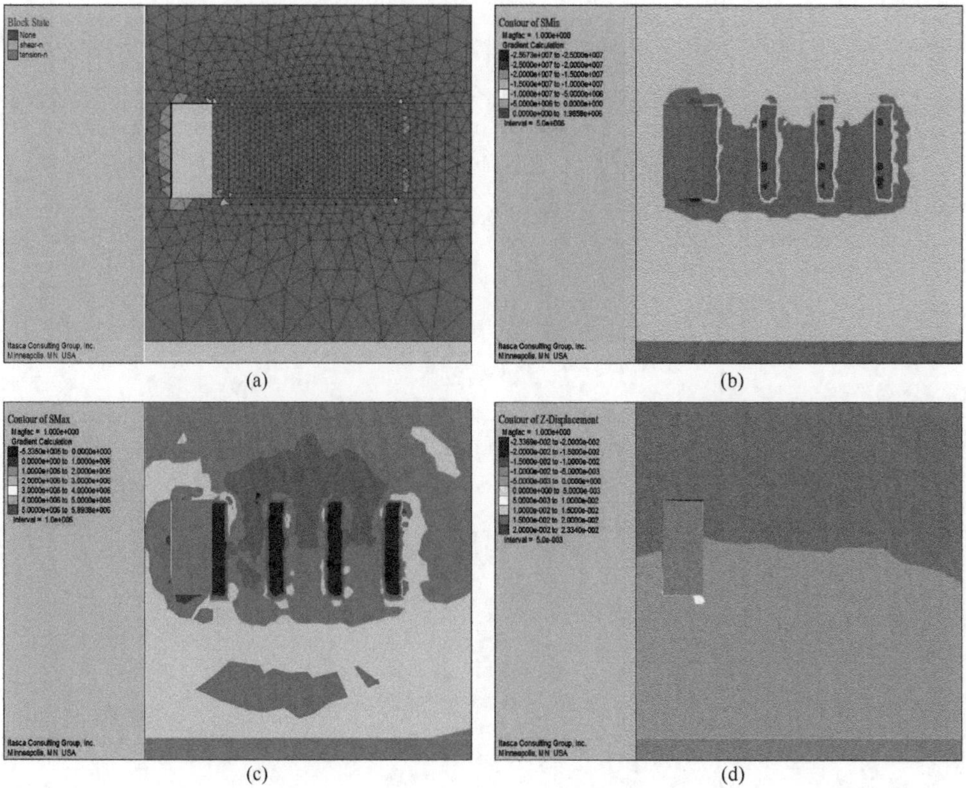

图 7-16 工序 1 力学响应情况

（a）塑性区分布；（b）最小主应力云图；（c）最大主应力云图；（d）竖向位移云图

1→开采矿房 4、充填矿房 2→……以此类推，直至采空区完全充填。

根据塑性区变化（见图 7-17）可知，工序 2 开采矿房 2 后，围岩应力进一步释放，塑性区的范围也逐渐扩大。此时胶结充填矿柱 1 和 2 开始承压，表现在胶结充填矿柱出现拉破坏塑性区，在开采区域的顶板有较多的剪切破坏。工序 3 中矿房 3 被开采，矿房 4 的应力释放使充填矿柱 3 出现破坏区；由于矿房 1 的充填，矿柱 1 和周围岩体的塑性区变小。工序 4 中开采矿房 4、矿房 5 的应力释放使得充填矿柱 4 出现损伤破坏，同时前期充填的矿房出现破坏区域，这是由于充填体吸收和转移了此处地压活动所释放的能量。工序 5 的塑性区变化与工序 4 类似，塑性区进一步扩大。

由连续开采中的最大主应力分布的变化（见图 7-18）可知，与工序 1 相比，工序 2 中最大主应力数值有所减少，工序 3 充填矿房后应力值降低幅度增大。在后续的胶结充填完成后，开采区域的最大主应力都有大幅度的降低，基本上维持在 0~1MPa 范围内，周围岩体的应力值集中在 3~5MPa 的范围内。

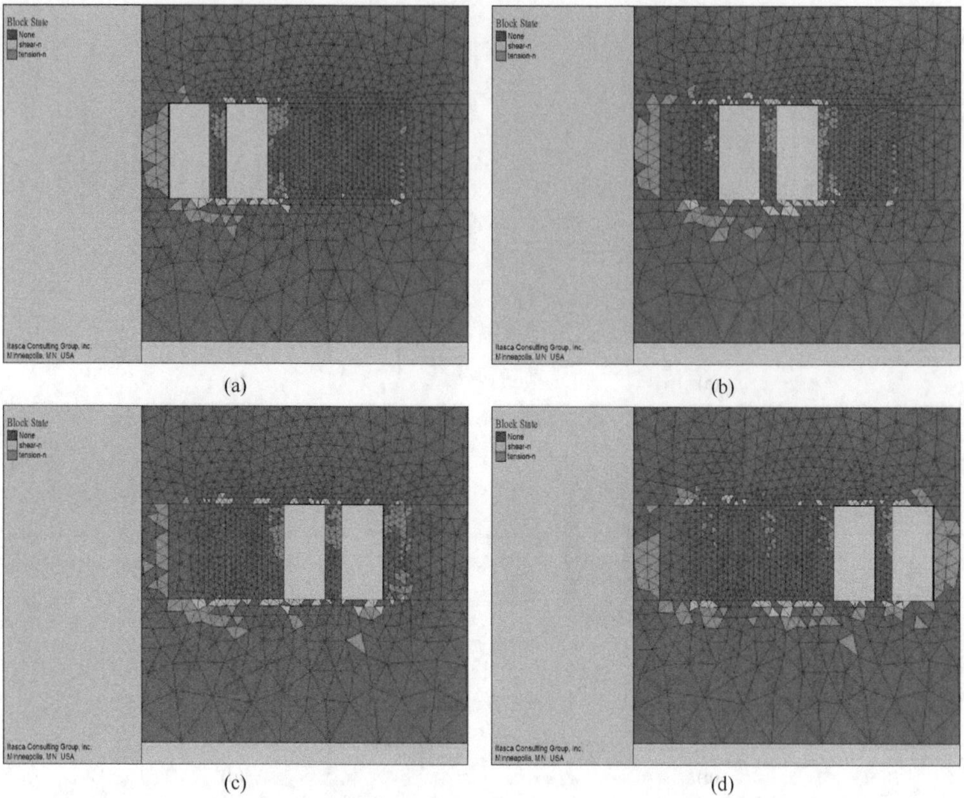

图 7-17　连续开采的塑性区分布变化

（a）工序 2；（b）工序 3；（c）工序 4；（d）工序 5

从连续开采过程的竖向位移分布图（见图 7-19）可以看出，在整个的工序推进过程中，开采区域的竖向位移的绝对值范围维持在 30mm 以内，其位移最大值出现在顶底板的中央区域。当完成矿房充填后，其位移变化的趋势得到有效的控制。

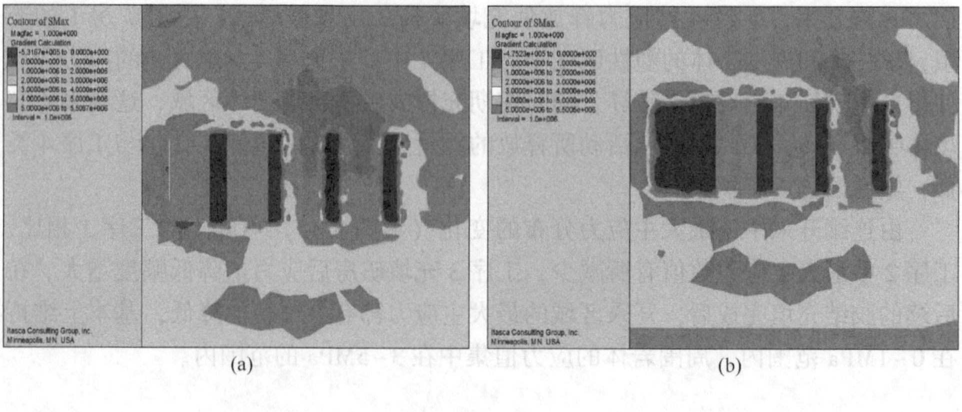

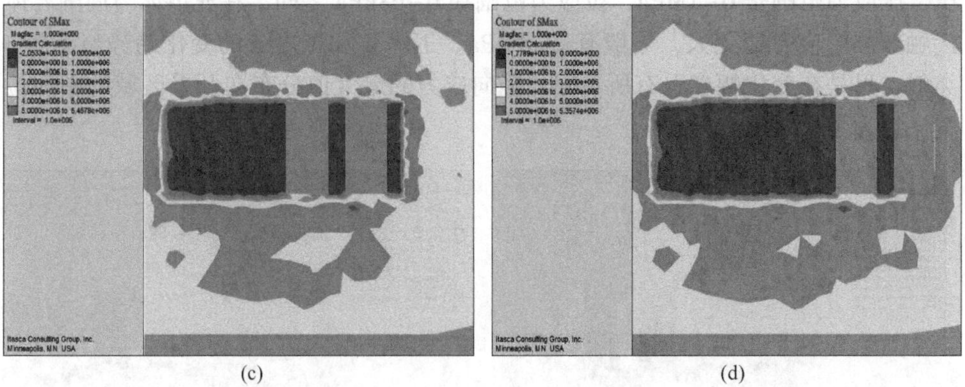

图 7-18 连续开采的最大主应力云图

（a）工序 2 ；（b）工序 3；（c）工序 4；（d）工序 5

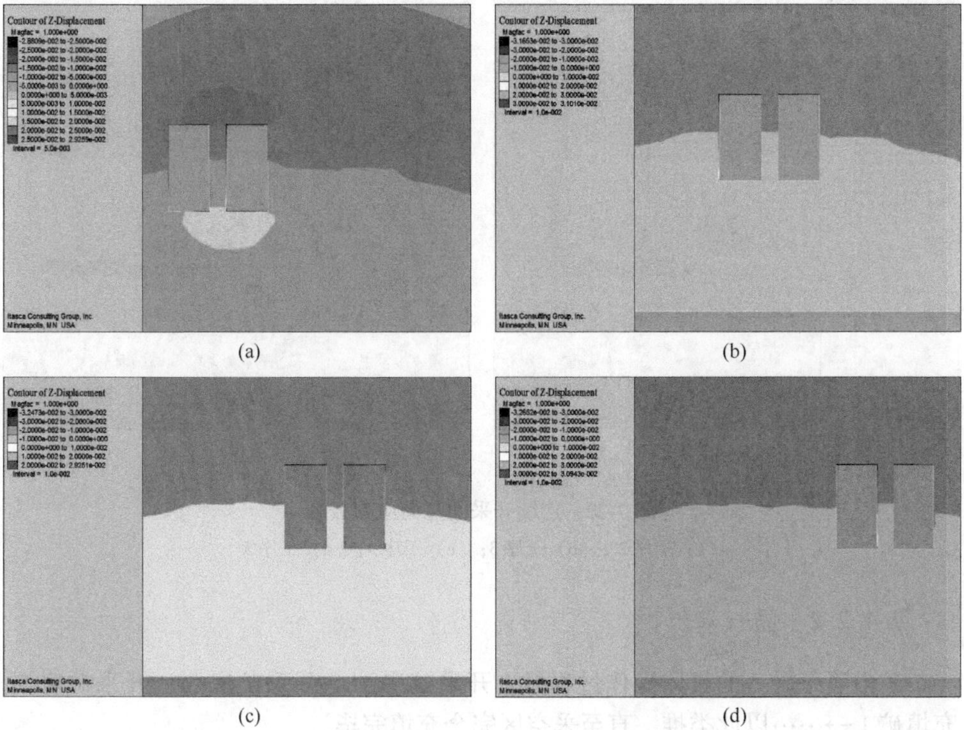

图 7-19 连续开采的竖向位移云图

（a）工序 2；（b）工序 3；（c）工序 4；（d）工序 5

从图 7-20 连续开采的竖向应力云图可知，工序 2 中的充填矿柱主要承受压应力，其受力范围在 0.068~1MPa。矿房 1 在工序 3 中胶结充填后主要表现为受压，压应力范围是 0~1MPa，拉应力范围在 0~68kPa 之间，在充填体与周围岩体接触部位的应力值更大，一般有 2~4MPa。工序 4 和工序 5 的变化趋势与工序 3 类似，只是在变化幅度上有所不同。竖向应力的最大值分布在开采区域的中间位置，约为 13.7MPa。

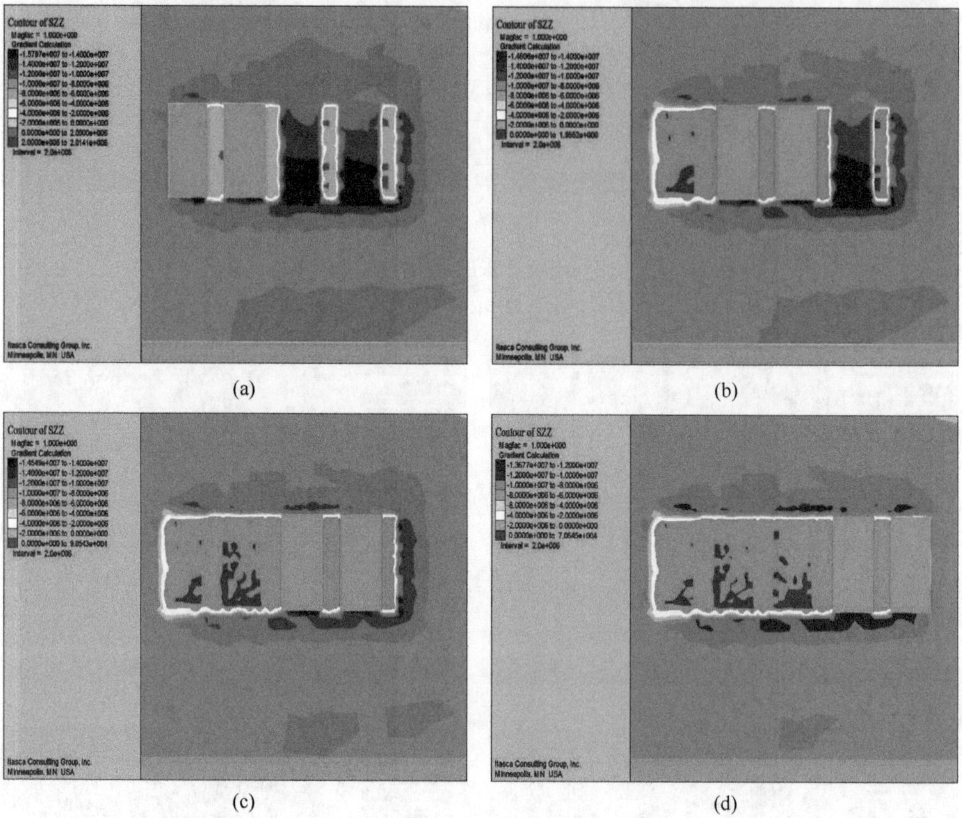

图 7-20　连续开采的竖向应力云图

（a）工序 2；（b）工序 3；（c）工序 4；（d）工序 5

7.4.2.2　隔一采一

矿山隔一采一的具体操作过程是：开采矿房 1 →开采矿房 3 →开采矿房 5、充填矿 1 →……以此类推，直至采空区完全充填完毕。

图 7-21 是隔一采一塑性区分布的变化过程，根据图分析可知，当矿房 3 开采后，在矿房 1 所在位置的塑性区主要集中在围岩与采空区交界区域，只是破坏范围有所减小。胶结充填矿柱 2 和胶结充填矿柱 3 端部有剪切和拉伸破坏。当矿房 1 充填后其塑性区进一步缩小，而且由于周围岩体的应力释放矿房 5 周围出现了塑性区，破坏形式主要为拉破坏。

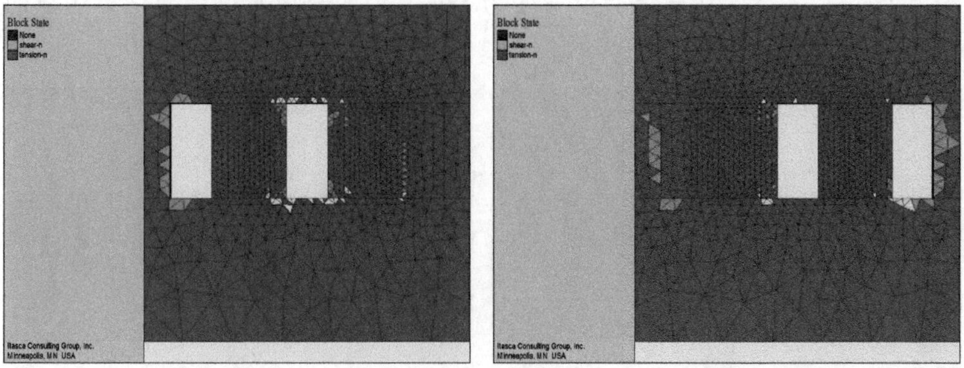

(a) (b)

图 7-21 隔一采一的塑性区分布

（a）工序 2；（b）工序 3

由图 7-22 的隔一采一最小主应力分布云图可知，工序推进过程中胶结充填矿柱的最小主应力约为 0. 2MPa，矿房 2 和矿房 4 的最小主应力约为 2MPa。最小主应力的最大值出现在开采区域的中央位置，约为 28. 4MPa。

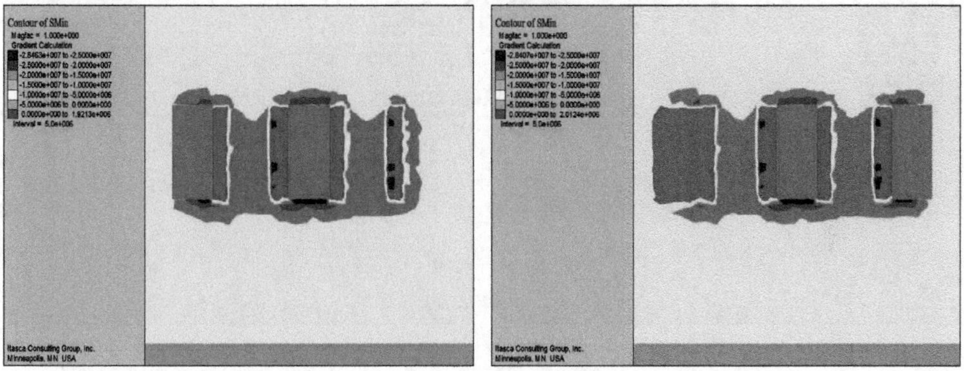

(a) (b)

图 7-22 隔一采一的最小主应力分布云图

（a）工序 2；（b）工序 3

由最大主应力分布云图（见图 7-23）可知，在隔一采一的推进过程中，胶结充填矿柱的最大主应力在 0. 4~0. 6MPa 范围之间，矿房 1 在充填前后最大主应力的最大值减小了约 2MPa，在充填体与周围岩体的交界面上应力产生集中，应力值较高，充填体内部主应力大小约为 0. 15MPa。矿房 5 开采后，周围岩体最大主应力约为 5MPa，这主要与地应力的分布以及岩体开挖后的应力的转移与释放等有关系。

由图 7-24 隔一采一位移云图可知，在工序推进过程中位移变化相对稳定，约为25mm，采空区在充填后位移变为5mm，说明充填对位移变化有明显的效果。

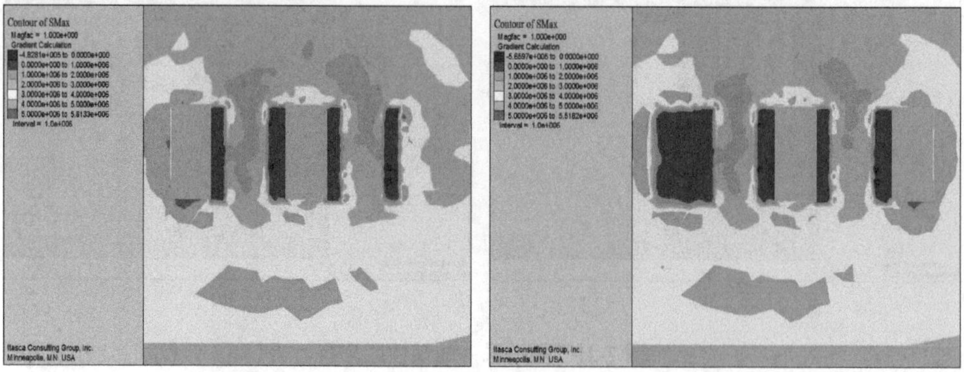

(a)　　　　　　　　(b)

图7-23　隔一采一的最大主应力分布云图

（a）工序2；（b）工序3

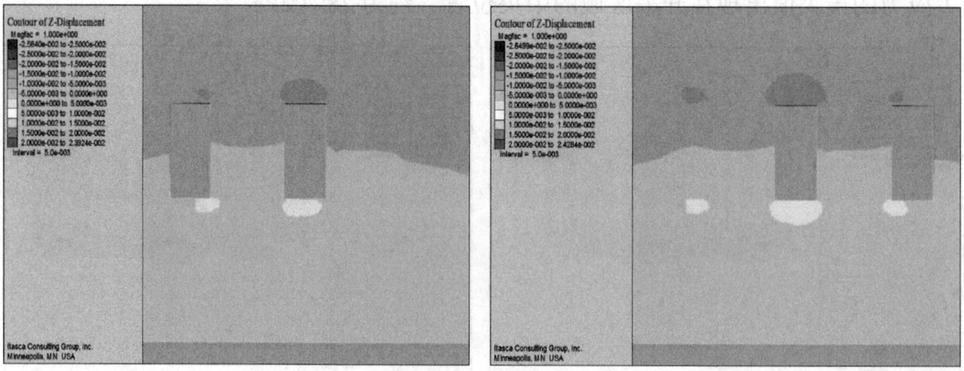

(a)　　　　　　　　(b)

图7-24　隔一采一的竖向位移云图

（a）工序2；（b）工序3

由竖向应力云图（见图7-25）可知，工序2中的胶结充填矿柱主要承受压应力，受力范围在0.084~2MPa之间。矿房1在工序3中胶结充填后主要承受压应力，其范围在0~2MPa之间，所受拉应力约为35kPa，在充填体与周围岩体接触的部位应力值增大。未开采的矿房2、4主要受压应力，大小约为14~16MPa。

7.4.2.3　充填效果对比

在矿房连续开采方案中，随着后续的胶结充填完成，开采区域的最大主应力大幅度降低，基本上维持在0~1MPa范围内，围岩应力集中在3~5MPa的范围

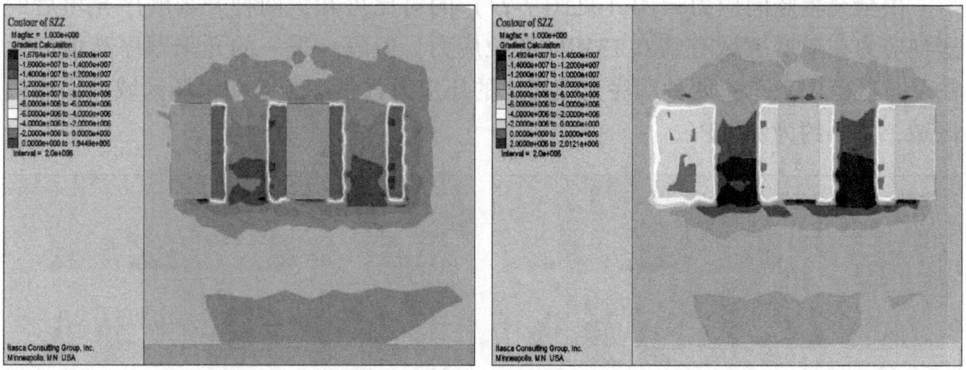

(a) (b)

图 7-25 隔一采一的竖向应力云图

（a）工序 2；（b）工序 3

内。开采区域的竖向位移的绝对值维持在 30mm 左右，在矿房充填后，位移变化的趋势得到有效的控制。

在矿房隔一采一方案中，胶结矿柱的最大主应力在 0.4~0.6MPa 范围内，矿房 1 在充填前后最大主应力的最大值减小了约 2MPa，矿房 5 开采后，围岩最大主应力约为 5MPa，这主要与地应力的分布以及岩体的应力释放等有关系。在开采过程中位移变化相对稳定，约为 25mm，空区在充填后位移变为 5mm，说明充填对位移变化有明显的效果。

由图 7-26 全充填塑性区分布的对比可知，在对两种不同开采顺序的研究区域全部充填后，充填效果相差不大。塑性区都有大幅减少，而且分布在采空区的边角位置。破坏形式还是以拉破坏为主，采区上方有部分剪切破坏区。

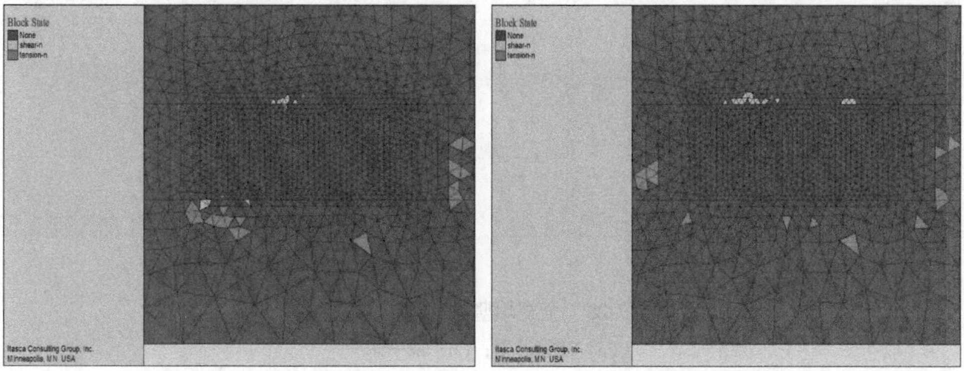

(a) (b)

图 7-26 全充填塑性区分布对比

（a）连续开采；（b）隔一采一

由全充填竖向应力云图（见图 7-27）的对比可知，两种开采顺序充填后的竖向应力在矿房区域有约 0.13MPa 的拉应力，但隔一采一的开采顺序充填产生的受拉区范围较小；两种顺序充填产生的压应力都集中分布在采场区域的顶底板区域，大小约为 12MPa。

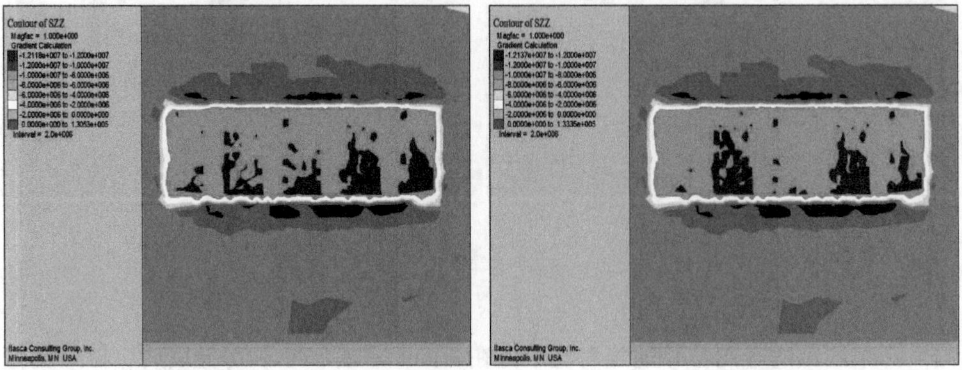

(a)　(b)

图 7-27　全充填竖向应力云图对比

（a）连续开采；（b）隔一采一

由图 7-28 全充填竖向位移云图的对比发现，两种不同开采顺序在充填后产生的竖向位移变化相差不大，位移范围为 8～10mm，顶部表现为负向位移，底部表现为正向位移。

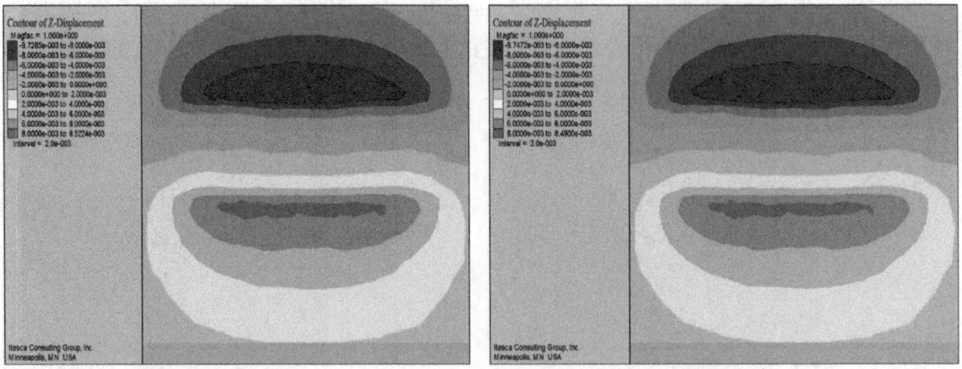

(a)　(b)

图 7-28　全充填竖向位移云图对比

（a）连续开采；（b）隔一采一

7.4.3　方案分析及优选

通过上面的模拟矿体的累积回采效应对围岩造成的影响，在应力变化方面：

连续开采方案中，开采区域的最大主应力大幅度降低，基本上维持在0~1MPa范围内，围岩应力集中在3~5MPa的范围内；而隔一采一方案中，胶结矿柱的最大主应力在0.4~0.6MPa范围内，矿房1在充填前后最大主应力的最大值减小了约2MPa，矿房5开采后，围岩最大主应力约为5MPa。

在围岩位移变化方面：连续开采方案开采区域的竖向位移的绝对值范围维持在30mm左右，在矿房充填后，位移变化的趋势得到有效的控制；隔一采一方案在开采过程中位移变化相对稳定，约为25mm，空区在充填后位移变为5mm，说明充填对位移变化有明显的效果。

当两种方案在开采完毕后，均采取全充填的方案后，充填效果相差不大。破坏形式还是以拉破坏为主，竖向应力在矿房区域有约0.13MPa的拉应力，但隔一采一的开采顺序充填产生的受拉区范围较小；两种顺序充填产生的压应力都集中分布在采场区域的顶底板区域，大小约为12MPa。两种方案充填后产生的竖向位移变化相差不大，位移范围为8~10mm，顶部表现为负向位移，底部表现为正向位移。不同开采方案安全性综合比较见表7-2。

表7-2　不同开采方案安全性综合对比

开采方式	塑性区域	最小主应力	最大主应力	垂直位移	安全性
隔一采一	区域最小	压应力较小，应力集中一般	拉应力较小，区域较小	位移量较小	好
连续开采	区域较大	压应力较大，应力集中较明显	拉应力较大，区域较大	位移量较大	一般
隔一采一后全充填	区域较小	压应力较小，应力集中较明显	拉应力较小，区域较小	顶部负位移，底部正位移，较小	好
连续开采后全充填	区域较小	压应力较小，应力集中较明显	拉应力小，区域较小	顶部负位移，底部正位移，较小	好

从塑性区域、最小主应力、最大主应力、垂直位移等四个方面对不同开采方案数值模拟结果进行综合分析，从而得出最安全的开采方式是隔一采一，对深部矿柱安全、高效开采提供依据。

不同的开采顺序会导致胶结充填体和围岩力学响应和变形破坏不同。胶结充填体的稳定特征需要通过应力集中程度、位移变化、塑性区范围以及应力值等多种因素共同作用来决定。从前述研究可知，连续开采和隔一采一两种开采顺序的塑性区范围相差悬殊，连续开采的塑性区分布范围较大，可能是由于在隔一采一的开采顺序下围岩的应力集中程度相对较小。两种开采顺序的力学响应及位移变化的数据对比见表7-3。

表 7-3　不同开采顺序力学响应分析

方案	最大主应力范围/MPa	最大竖向位移/mm	竖向应力范围/MPa
连续开采	0.0011~0.5	32.6	2~15.7
隔一采一	0.011~0.5	25	2~14

由表 7-3 可以对比出隔一采一的最大主应力范围、竖向位移最大值、竖向应力的变化范围均小于连续开采。

开采顺序的选择主要考虑的因素比较多，如矿层之间采动影响关系、施工作业条件、最大限度地采出矿石、降低经济成本、地压控制效果等。由前述研究可知，两种不同开采顺序的初始条件和充填效果没有明显的差别，但是在开采过程中连续开采的塑性区、竖向位移、竖向应力等的变化范围更大。在相似的充填效果下，隔一采一的顺序在施工过程中更能保证作业环境和工程结构的稳定与安全。而且根据工程经验，隔一采一能有效地提高采场的生产能力，在相似的地压控制效果下，产生更为可观的经济效益。综合考虑多种因素，矿山在利用房柱嗣后充填采矿法开采时，建议矿山生产选定隔一采一的开采顺序。

参 考 文 献

[1] 解世俊．金属矿床地下开采［M］．2 版．北京：冶金工业出版社，1999.

[2] 古德生，李夕兵．现代金属矿床开采科学技术［M］．北京：冶金工业出版社，2006.

[3] 赵康，周科平，张俊萍，等．大吉山钨矿岩体结构面特征分析［J］．金属矿山，2017，12：1-5.

[4] Kang Zhao，Shuijie Gu，Yajing Yan，et al. Rock Mechanics Characteristics Test and Optimization of High Efficiency Mining in Dajishan Tungsten Mine［J］．Geofluids，2018，1-11.

[5] 赵康，朱胜唐，周科平，等．钽铌矿尾砂胶结充填体力学特性及损伤规律研究［J］．采矿与安全工程学报，2019，36（2）：413-419.

[6] 赵康，顾水杰，严雅静，等．一种基于岩石 kasier 点特征的地应力测量简便准确判读方法：中国，201711059839.2［P］．2017-11-05.

[7] 彭文斌．FLAC 3D 实用教程［M］．北京：机械工业出版社，2008.

[8] 杨述旭．江西省全南县大吉山矿区钽铌钨矿勘探地质报告［R］．九江：江西省地质矿产勘查开发局赣西北大队赣北地勘院，2001.

[9] 赵康，赵红宇，严雅静．一种金属矿山人工矿柱稳定性判别方法：中国，201610394574.0［P］．2016-06-07.

[10] 赵康，宁富金，于祥，等．一种人工矿柱支护下金属矿覆岩三维空间应力计算方法：中国，201811581150.0［P］．2018-12-24.

[11] 赵康，宁富金，于祥，等．一种人工矿柱支护下金属矿覆岩体稳定性势能的判别方法：

中国，201811580821.1［P］．2018-12-24.
［12］赵康，宁富金，王庆，等．胶结矿柱支护下金属矿采空区覆岩失稳突变判别方法：中国，201811580815.6［P］．2018-12-24.
［13］Bieniawski Z T. Estimating the strength of rock materials［J］．Journal-South African Institute of Mining and Metallurgy，1974，74（8）：312-320.
［14］Hoek E，Brown E T. Empirical strength criterion for rock masses［J］．Journal of the Geotechnical Engineering Division，1980，106（9）：1013-1035.
［15］Ramamurthy T. A geo-engineering classification for rocks and rock masses［J］．International Journal of Rock Mechanics & Mining Sciences，2004，41：89-101.
［16］孙广忠. 岩体结构力学［M］. 北京：科学出版社，1988.
［17］张俊萍. 某矿山岩体力学性能试验及开采方案优化［D］. 赣州：江西理工大学，2017.

8 不同灰砂比及料浆浓度充填体力学响应及充填效果

由充填效果和围岩稳定性控制因素可知，充填体的强度是影响充填效果的关键因素，而充填体强度受到灰砂比和料浆浓度的共同影响[1~3]。灰砂比和料浆浓度的不同，意味着矿山充填成本的高低。探究不同灰砂比和料浆浓度对尾砂胶结充填体强度及充填效果的影响，对减少矿山充填成本、实现矿山安全开采及经济效益最大化都具有重要意义。

然而现有的一些研究成果和工程现场施工大都采用经验法或经验类比法确定充填体材料的构成和强度设计[4~7]，这样往往造成水泥浪费或充填体强度达不到控制地压的实际要求[8,9]。为了深入分析，本章继续通过数值计算分析的方法对不同灰砂比和不同料浆浓度的尾砂胶结充填采场结构的稳定性进行研究，通过分析采场塑性区变化、位移以及最大、最小主应力的分布来对比研究不同灰砂比和不同料浆浓度的充填体的填充效果，从而选出最佳的配比。

8.1 数值模拟方案及模型建立

8.1.1 数值模拟方案设计

在前述优选的采场结构参数和开采方案的基础上，对胶结充填体不同料浆浓度和不同灰砂比条件下，研究充填体作为矿柱自身稳定性及其支护围岩的效果情况。前述已对灰砂比 1∶4 的充填矿柱支护效果进行了研究，这里着重对比研究灰砂比分别为 1∶6、1∶8，料浆质量分数分别为 68%、72%和 76%的充填体分别作为充填矿柱材料；灰砂比为 1∶10，料浆质量浓度为 68%的充填体作为矿房充填材料。现用 $FLAC^{3D}$进行数值模拟计算，分析充填体和围岩的稳定状态及应力应变情况，进行充填体的方案优选。矿岩、围岩物理力学参数见表 7-1，充填体物理力学参数见表 8-1[10]。

表 8-1　不同灰砂比和不同料浆浓度充填体材料力学参数

岩性	抗拉强度 σ_t/MPa	体积模量 K/GPa	弹性模量 E/GPa	泊松比 ν	剪切模量 G/GPa	内摩擦角 φ/(°)	黏聚力 C/MPa
1∶6 68%充填体（方案一）	0.16	0.26	0.25	0.33	0.09	13.8	0.355

续表 8-1

岩性	抗拉强度 σ_t/MPa	体积模量 K/GPa	弹性模量 E/GPa	泊松比 ν	剪切模量 G/GPa	内摩擦角 φ/(°)	黏聚力 C/MPa
1∶6 72%充填体（方案二）	0.17	0.29	0.37	0.29	0.14	18.0	0.51
1∶6 76%充填体（方案三）	0.19	0.36	0.57	0.24	0.23	20.2	0.61
1∶8 68%充填体（方案四）	0.05	0.11	0.1	0.34	0.04	10.2	0.21
1∶8 72%充填体（方案五）	0.07	0.14	0.16	0.31	0.06	15.2	0.38
1∶8 76%充填体（方案六）	0.93	0.16	0.19	0.25	0.08	18.2	0.521
1∶10 68%充填体	0.05	0.07	0.095	0.27	0.04	14.75	0.29

8.1.2 数值模型建立

此次模型的建立沿用第 7 章节的模型构建方式。模型总共划分为五个矿房四个矿柱，开采顺序为隔一采一。矿房矿柱的尺寸选用前述经过优选的方案二，即矿房尺寸为 18m，矿柱尺寸为 7m。模型尺寸为长×宽×高＝900m×300m×500m，其中采场结构划分如图 7-7 所示。其具体边界条件与第 7 章节的内容相同。

8.2 数值计算结果讨论与分析

8.2.1 塑性区损伤分析

图 8-1 是对采取隔一采一的开采顺序模拟后的塑性区分布情况，在六种方案塑性区分布图中可知在矿房 1 充填后的塑性区主要集中矿房侧壁围岩交界边，胶结充填矿柱顶部和底部都有剪切和拉伸破坏，其剪切和拉伸区域差异不大，由于开采过程中周围岩体发生应力释放现象导致矿房 5 四周出现了较大塑性区，破坏形式主要为拉破坏。在灰砂比相同的情况下，随着充填体的料浆浓度的增加，采场结构拉伸破坏的范围逐渐减小且胶结充填矿柱均无明显贯穿；在料浆浓度相同的情况下灰砂比 1∶6 的充填体比 1∶8 的充填体塑性区范围更小。郑颖人等人[11]认为塑性区的范围与岩体的泊松比有密切的关系，因此由图 8-1 结果和表 8-1 知泊松比取值较小的充填体开采充填后塑性区范围更小。

8.2.2 竖向位移分析

在矿石开采过程中，随着矿体不断被采出，围岩初始应力平衡体系遭到破坏，这种情况下围岩在其内部不平衡应力作用下需要通过岩体变形的方式重新达

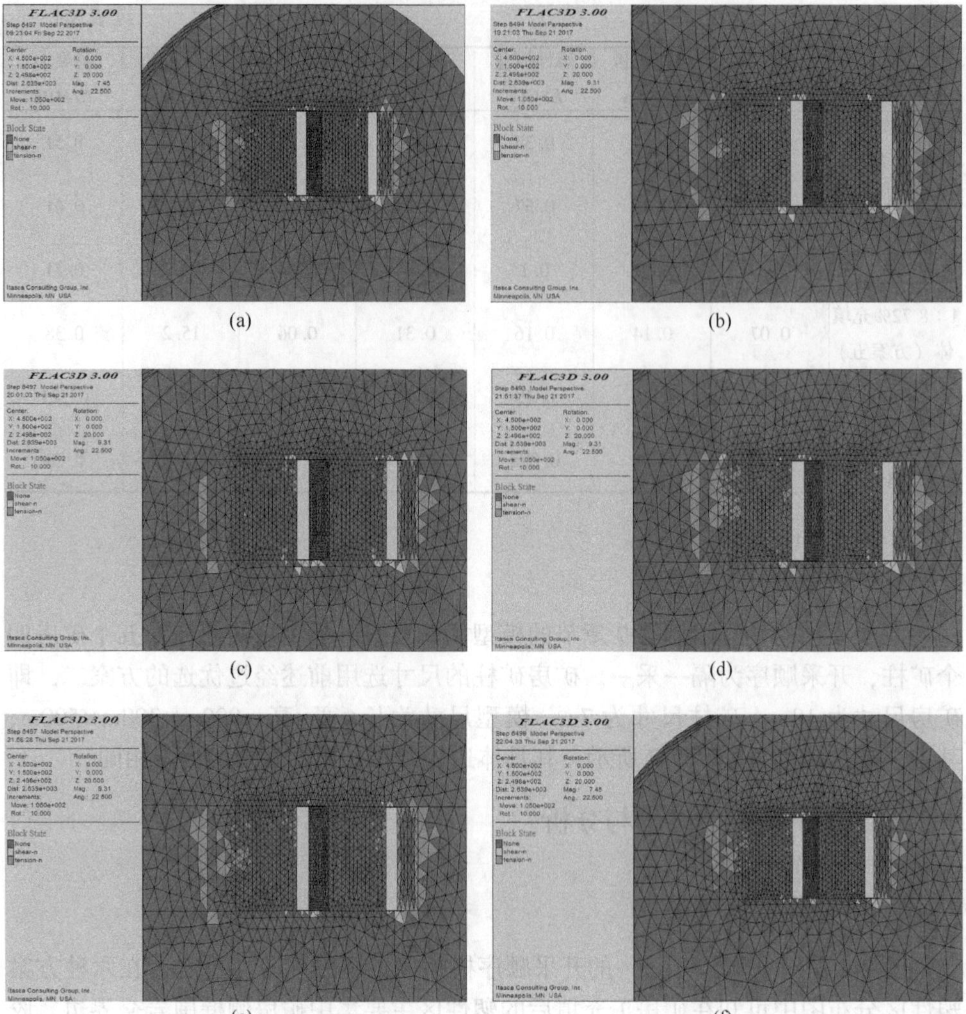

图 8-1　不同灰砂比和不同料浆浓度充填矿柱支护下围岩塑性区分布

（a）灰砂比 1∶6、料浆浓度 68%塑性区分布图；（b）灰砂比 1∶6、料浆浓度 72%塑性区分布图；（c）灰砂比 1∶6、料浆浓度 76%塑性区分布图；（d）灰砂比 1∶8、料浆浓度 68%塑性区分布图；（e）灰砂比 1∶8、料浆浓度 72%塑性区分布图；（f）灰砂比 1∶8、料浆浓度 76%塑性区分布图

到平衡，在该过程中围岩聚集的应力不断向外释放和转移，如果释放或转移的应力太大，则会导致围岩产生过大的位移引起采空区顶板的大面积冒落，造成地下开采安全隐患和采矿贫化。矿房开采后破坏了原来的应力平衡状态，引起岩体内部应力重新分布直至达到新的平衡状态为止。在应力重新平衡的过程中，引起巷道周围岩体产生位移、变形甚至破坏。为了研究矿房周围岩体的变形过程，在位移分析中对顶底柱的竖直位移进行分析。由六种方案位移云图（见图 8-2）对比可知各方案模拟结果的顶板沉降与地板隆起的最大值相差不大，但在分布区域上

略有区别。当灰砂比为 1：6 时，料浆浓度为 76%的胶结充填矿柱竖向位移量最小，顶板下沉量 2. 65cm，底部隆起量 2. 43cm，另外两种料浆浓度竖向位移量相对较大。当料浆浓度一定时，随着灰砂比的不同，其竖向位移量差别不大。

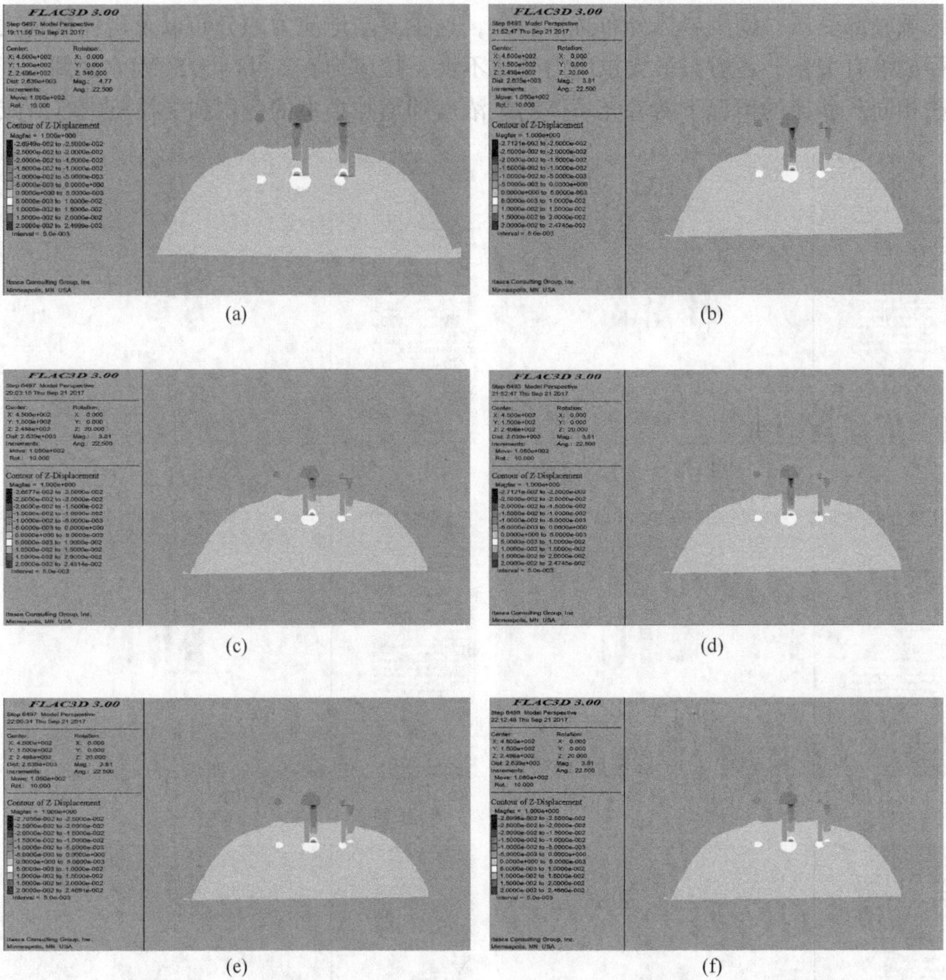

图 8-2 不同灰砂比和不同料浆浓度充填矿柱支护下围岩位移云图

（a）灰砂比 1：6、料浆浓度 68%竖向位移云图；（b）灰砂比 1：6、料浆浓度 72%竖向位移云图；（c）灰砂比 1：6、料浆浓度 76%竖向位移云图；（d）灰砂比 1：8、料浆浓度 68%竖向位移云图；（e）灰砂比 1：8、料浆浓度 72%竖向位移云图；（f）灰砂比 1：8、料浆浓度 76%竖向位移云图

随着充填体比例和料浆浓度的减小，顶板的最大收敛位移量逐渐增大。顶板下沉主要是由于空区周围岩体在自重及内部应力作用下向自由空间移动。由于矿柱及胶结充填体支撑作用的增强，顶板下沉得到控制，且上方覆岩受波及程度也相对降低，整个覆岩下沉程度相对较弱。通过对比可以看出，矿柱开采阶段，由于矿房作为主要的支撑结构，以及随着胶结充填体的支撑力的发挥，支撑强度逐渐地增强。

8.2.3 最大最小主应力分析

图 8-3 为六种方案充填矿柱最大主应力的对比图，从图 8-3 上可以看出开采区域底部受压，周围岩体分布有拉应力，这主要与地应力的分布以及岩体的应力释放等有关系。各方案最大拉应力变化不大，拉应力在 5. 48～5. 50MPa 区间，但在相同灰砂比的情况下随着充填体料浆浓度的增加模型的受压和受拉范围有所减

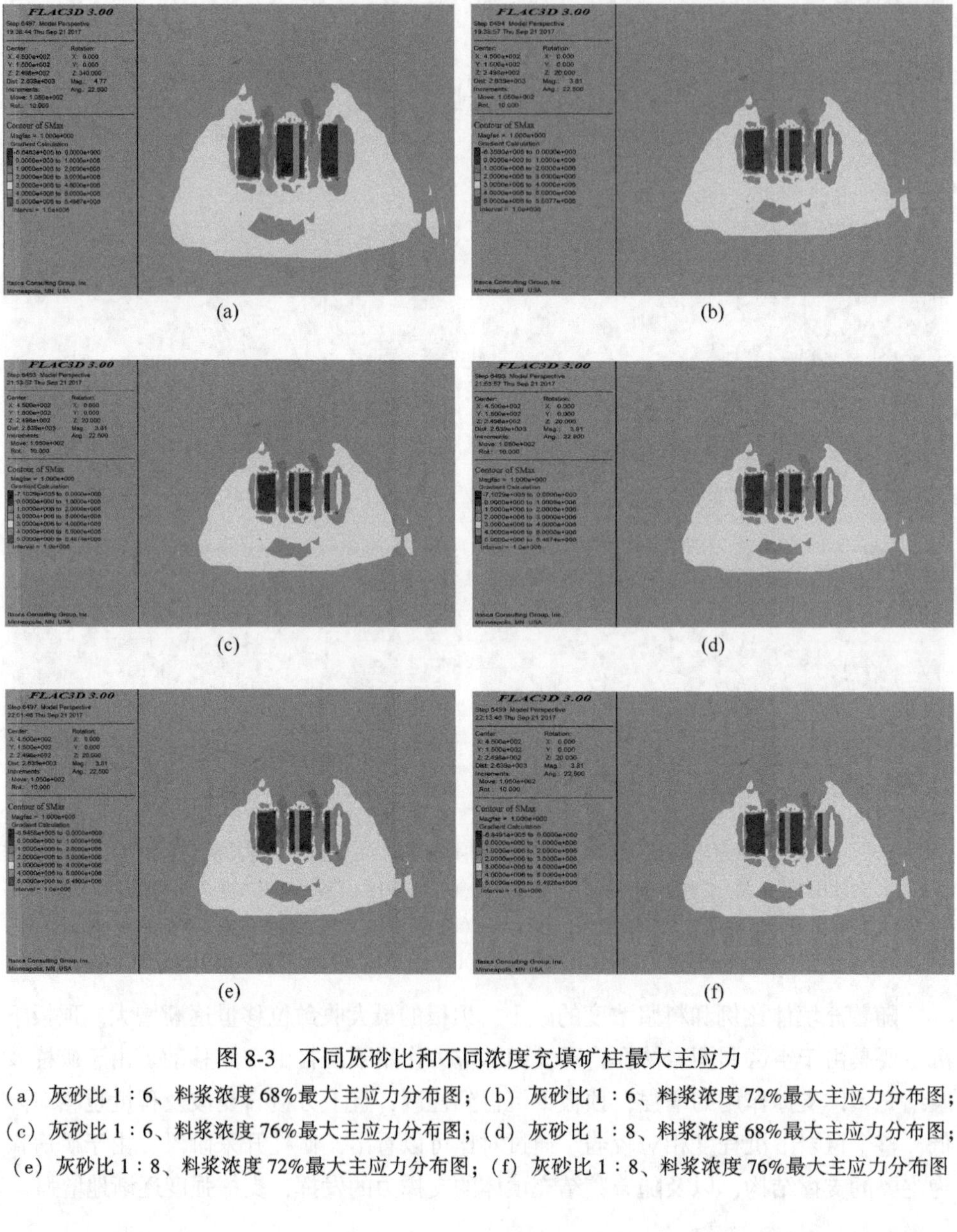

图 8-3 不同灰砂比和不同浓度充填矿柱最大主应力

（a）灰砂比 1 : 6、料浆浓度 68%最大主应力分布图；（b）灰砂比 1 : 6、料浆浓度 72%最大主应力分布图；（c）灰砂比 1 : 6、料浆浓度 76%最大主应力分布图；（d）灰砂比 1 : 8、料浆浓度 68%最大主应力分布图；（e）灰砂比 1 : 8、料浆浓度 72%最大主应力分布图；（f）灰砂比 1 : 8、料浆浓度 76%最大主应力分布图

小，相同料浆浓度的充填体灰砂比为 1∶8 的情况下要比灰砂比为 1∶6 的情况下受压和受拉范围小。

由最小主应力分布云图（见图 8-4）可知，胶结充填矿柱和矿房主要表现为压应力，其中六种方案最小应力的最大值在开采区域的中央位置，且均为 28.4MPa 左右，周围岩体的最小主应力主要集中在矿房的交界处，大小约为 20MPa 左右。不同灰砂比的充填体在最小主应力大小和分布上均无太大差别且都满足抗压强度的要求。说明在该工程环境下充填体的灰砂比对模型最小主应力影响不大。

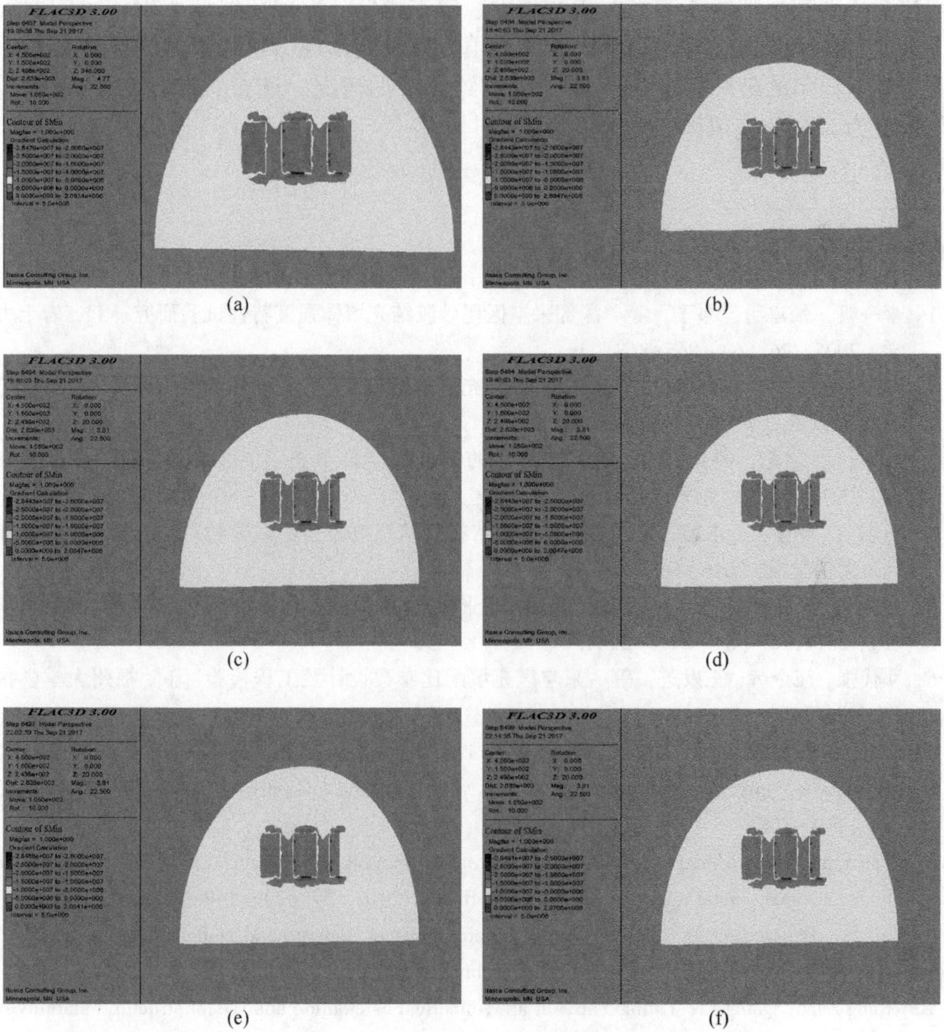

图 8-4 不同灰砂比和不同料浆浓度充填矿柱最小主应力图

（a）灰砂比 1∶6、料浆浓度 68%最小主应力分布图；（b）灰砂比 1∶6、料浆浓度 72%最小主应力分布图；（c）灰砂比 1∶6、料浆浓度 76%最小主应力分布图；（d）灰砂比 1∶8、料浆浓度 68%最小主应力分布图；（e）灰砂比 1∶8、料浆浓度 72%最小主应力分布图；（f）灰砂比 1∶8、料浆浓度 76%最小主应力分布图

8.2.4 综合分析与讨论

矿柱充填体方案的选择主要考虑施工作业条件、经济效益、安全等因素。由前述分析可知，六种方案在塑性区分布图、竖向位移和最大、最小主应力方面计算出来的充填效果没有太大的差别，充填采矿法充填材料占采矿成本的很大一部分，因此优选合适的尾砂胶结充填体是降低采矿成本和提高采矿效益的重要途径，也是充填法采矿发展趋势。节省成本的多少取决于水泥的价格，由于灰砂比和料浆浓度越小则所需的水泥量就越少、成本越低，因此在保证矿山稳定的前提下选取灰砂比和料浆浓度越小的胶结充填方案越能体现出它的经济性。综合考虑到塑性图显示的破坏区域大小和工程节约经济的情况，选择灰砂比为 1 : 8、料浆浓度为 68%的充填体最为合适。

参考文献

[1] 李一帆，张建明，邓飞，等．深部采空区尾砂胶结充填体强度特性试验研究 [J]. 岩土力学，2005，26 (6)：865-868.

[2] 刘志祥，李夕兵，戴塔根，等．尾砂胶结充填体损伤模型及与岩体的匹配分析 [J]. 岩土力学，2006，27 (9)：1442-1446.

[3] 赵康，鄢化彪，冯萧，等. 基于能量法的矿柱稳定性分析 [J]. 力学学报，2016，48 (4)：976-983.

[4] 杨志强，高谦，王永前，等．不同骨料固结粉胶结充填体强度试验与对比分析 [J]. 大连理工大学学报，2016，56 (5)：466-473.

[5] 余伟健，高谦. 充填采矿优化设计中的综合稳定性评价指标 [J]. 中南大学学报（自然科学版），2011，42 (8)：2475-2484.

[6] 邓代强，汪令辉，王发芝，等．采空区充填配比参数设计及工程检验 [J]. 福州大学学报（自然科学版），2013，41 (2)：207-212.

[7] Fall M，Benzaazoua M. Modeling the effect of sulphate on strength development of paste backfill and binder mixture optimization [J] . Cement and Concrete Research，2005，35 (2)；301-314.

[8] Zhao Kang，Zhao Hongyu，Zhang Junping，et al. Supporting mechanism and effect of artificial pillars in a deep metal mine [J]，Soils and Rocks，2016，39 (2)：149-156.

[9] Fall M，Benzaazoua M，Saa E G. Mix proportioning of underground cemented tailings backfill [J]. Tunnelling and Underground Space Technology，2008，23 (1)：80-90.

[10] Kang Zhao，Qiang Li，Yajing Yan，et al. Numerical calculation analysis of structural stability of cemented fill in different lime-sand ratio and concentration conditions [J]. Advances in Civil Engineering，2018：1-9.

[11] 郑颖人，邱陈瑜，张红，等. 关于土体隧洞围岩稳定性分析方法的探索 [J]. 岩石力学与工程学报，2008，27 (10)：1968.